U0275463

Animal Series

ANT

Charlotte Sleigh

动物不简单
第 1 辑

莫比乌斯环中的
蚂　蚁

[英] 夏洛特·斯莱　著

李松逸　译

中信出版集团 | 北京

图书在版编目（CIP）数据

莫比乌斯环中的蚂蚁 /（英）夏洛特·斯莱著；李
松逸译 . -- 北京：中信出版社，2019.5
（动物不简单 . 第 1 辑）
书名原文：Ant
ISBN 978-7-5086-9768-0

Ⅰ . ①莫… Ⅱ . ①夏… ②李… Ⅲ . ①蚁科－儿童读
物 Ⅳ . ① Q969.554.2-49

中国版本图书馆 CIP 数据核字 (2018) 第 267059 号

莫比乌斯环中的蚂蚁

著　者：[英] 夏洛特·斯莱
译　者：李松逸
出版发行：中信出版集团股份有限公司
　　　　　（北京市朝阳区惠新东街甲 4 号富盛大厦 2 座　邮编　100029 ）
承 印 者：河北彩和坊印刷有限公司

开　　本：880mm×1230mm　1/32　　　印　张：7　　　字　数：124 千字
版　　次：2019 年 5 月第 1 版　　　　印　次：2019 年 5 月第 1 次印刷
京权图字：01-2018-7847　　　　　　广告经营许可证：京朝工商广字第 8087 号
书　　号：ISBN 978-7-5086-9768-0
定　　价：198.00 元（套装 5 册）

目录

蚁丘上的蚁属（*Formicae*）蚂蚁，来自法国一部动物寓言集的微型图画，约 1450 年。

第
一
章

导
论

Chapter One   Introduction

在对蚂蚁的描述中，溢美之词在所难免。

　　蚂蚁虽身形渺小，却能招来蚁迷的顶礼膜拜，其膜拜程度与它们的个头完全不成比例。他们坚信蚂蚁在许多方面都臻于极致：最聪明、最有组织、最勤劳、数量最多、繁殖力最强、占据最佳优势；它们比人类更古老、更好斗、更善于合作、更爱交流。这些比较往往近乎怪诞。有个儿童网站声称："蚂蚁拥有昆虫中最高的智商……据估计，蚂蚁的脑力与Macintosh II 型苹果电脑的处理能力不相上下。"[1]

　　至少，这一切就是蚁学家们（研究蚂蚁的人）灌输给我们的看法。尽管西方蚁学研究者的准确说法不断变化，但他们似乎总是对这种昆虫夸大其词。

　　18 世纪的自然哲学家雷奥米尔（Réaumur）从基础层面上列举了蚂蚁的非凡特性："众多昆虫往往招人厌恶，唯独蚂蚁是个中例外。"[2] 例如，与其他昆虫如蟑螂相比，我们对蚂蚁没有偏见，说明它们的地位与人类不相上下，它们的生活与人类相似。蚂蚁并非专门依赖人类而生存，因此与跳蚤大异其趣；我们对蚂蚁也无甚需求，因此它们与蜜蜂相去甚远。在不同时代，正是蚂蚁的这种独立不羁，让人们惊奇而又恐惧。16 世纪，内科医生托马斯·穆菲（Thomas Mouffet）曾指出，蚂蚁——

> 堪称典范……无怪乎柏拉图和斐多都认定，那些不借助哲学，凭依社会习俗或个人勤劳就能过上文明生活的人，拥有蚂蚁的灵魂，死后亦会再度变成蚂蚁。[3]

在这里，蚂蚁对哲学无所倚仗，表明其公民生活既有别于人类，又与人类对等：这种相似性如此奇异，据普林尼所言，它们是人类之外唯一在埋葬死者时举行葬仪的动物。当代的拟人神话同样满怀信心地断言，若是把蚂蚁放大到跟绵羊一般大小，它们将统治地球，在核灾难中幸存的时间也比人类更久。

在从柏拉图到北约时代的岁月里，观察者就此编造出大量令人惊骇的事实和数据，涉及蚂蚁的数量、分布、繁殖和生活模式。人们习惯把蚂蚁按比例放大到与人类大小"相当"，然后以此为基础，将它们的巢穴比作金字塔或中国的长城，将它们的奔跑比作飞驰的火车。最近有人计算出蚂蚁的数量为 100 亿兆只，其总重量与地球上所有人口的重量差不多。作为在世的蚁学家中最有声望的一位，E. O. 威尔逊（E. O. Wilson）声称，跟人类的兽类近亲亦即心理学家最爱的研究对象黑猩猩相比，蚂蚁的行为更具科学趣味性，因为我们能够研究蚂蚁的社会交流，而即便是最训练有素的黑猩猩，也只能独自玩一些把戏，缺乏任何社会学或生态学意义。[4]

本书正文部分将探索这种迷思的产生过程，指出为何各个时代、各个地方赋予蚂蚁特定的形象和价值观。不过，本章余下的篇幅将总结有关蚂蚁的当代科学知识，也就是当今蚁学家讲述的故事。[5]

人们将动物界分成由大到小的等级序列，分类阶元越低，其成员的相似之处就越多，它们之间在进化方面的潜在关系也越密切。最高的分类阶元是门，它再依次分为纲、目、科、属，最终分成不同的物种。昆虫是节肢动物门中的一个纲。（除了昆虫之外，其他节肢动物还包括甲壳纲和蛛形纲。）昆虫纲由各个目组成，其中就包括鞘翅目（*Coleoptera*，即甲虫）和鳞翅目（*Lepidoptera*，即蝴蝶与蛾子）。膜翅目（*Hymenoptera*）则包括蚂蚁及其在进化上的近亲，即蜜蜂总科和其他蜂类*。白蚁虽然俗名中有个"蚁"字，但其实早就被归入了不同的等翅目，与它们那些不太可爱的亲戚蟑螂放到了一起。在膜翅目中，蚁总科（*Formicidae*）囊括了所有真正的蚂蚁。相较于众多其他昆虫，蚂蚁很容易辨认。它们全都拥有相同的基本外形，忙碌不停的触角上有个典型的膝状弯折。蚁总科分为大约 300 个属，其中一些拥有描述性的俗名，如"糖蚁""斗牛犬蚁""肉蚁"。不同种的蚂蚁体型大小不一，体长在 0.7 毫米到 3 厘米之间。

根据撰写本书时的统计数据，蚂蚁共有 11 006 种**。在已知的昆虫种类（约 750 000 种，其中大多数是甲虫）中，这个数字只占很小一部分，但是据估计，所有活蚂蚁的总重量占现存全部昆虫重量的一半。这个数字与昆虫种类的数量完全不成比例，它证明蚂蚁在全世界成功地开疆拓土：除了南北两极，它们无所不在。

其实，我们看到的所有蚂蚁都是没有繁殖能力的雌性工蚁，它们参与觅食、维护或保卫蚁巢以及照料幼虫等工作。巢内的蚂蚁也有雌雄两性之分，到了特定的时候，这些蚂蚁

* 英文中的 bee 通常指细腰亚目中蜜蜂总科的昆虫，包括我们熟悉的社会性昆虫蜜蜂（如意大利蜜蜂），半社会性的熊蜂，以及独栖性的木蜂、地蜂、隧蜂、条蜂、切叶蜂等。wasp 则囊括了除蜜蜂总科之外的所有蜂类，个头大小不一，既有个头比较大的胡蜂，也有微小的细蜂和小蜂，因此将 wasp 笼统地译为"黄蜂"有时并不准确。本书中的 wasp 一词将根据上下文翻译，以下不再一一说明。——译者注（后同）

** 据最新统计数据，蚂蚁种类超过 15 000 种。

立毛蚁属某种
(*Para-trechina* sp.)
工蚁头部正面视图,
展示了所有现代蚂
蚁所特有的膝状
触角。

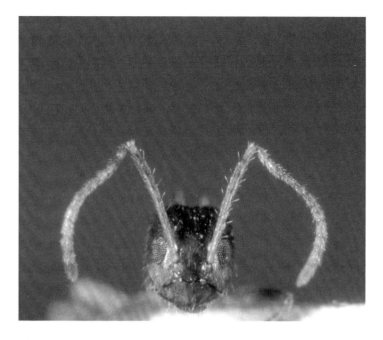

将飞入空中交配,也就是通常出现在夏末的一群群有翅繁殖
蚁。它们大多数都会被鸟儿吃掉,除了这短暂的受精任务,
雄蚁在蚁巢内毫无用处。不过,少数受精的雌蚁会回到地面,
建立新的蚁群。每只雌性繁殖蚁都会脱去翅膀,吸收掉那些
曾为它短暂的飞行提供动力的肌肉,并产下第一批卵。为了
寻找食物,它会不时离开幼虫;如果需要,它甚至会吃掉部
分卵或幼虫来维持生命。幼虫化蛹,然后变为成虫。一旦第
一代工蚁长大,就会接过照顾随后的一代代幼虫的任务,让
蚁后在余生中专司产卵之职。

　　随着蚁群渐趋成熟,工蚁的数量随之增加,它们就会进
行劳动分工,让蚁群发展壮大。当它增长到一定规模时,蚁
后会繁殖有性别的个体,为下一个交配季节做准备。自从它

* 另有一个中文俗
名为"凹唇蚁"。

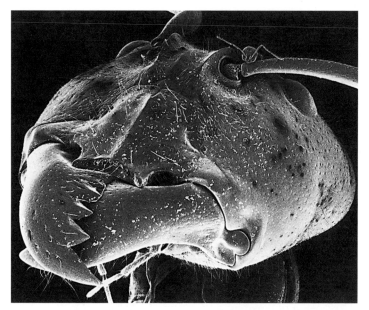

（上图）在这幅扫描电子显微镜照片中，婆罗洲的一只巨大弓背蚁的头部占据了大部分画面，而它的头上可容纳整窝短蚁属（*Brachymyrmex*）蚂蚁（位于图的右上部，就在弓背蚁的触角后面）。

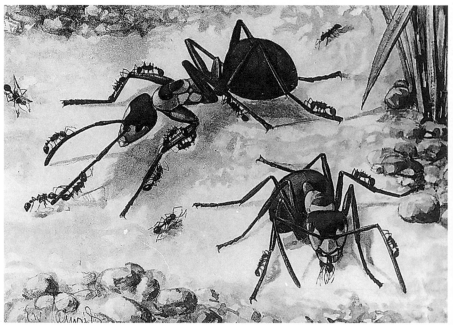

受精之后，它就将精子储存起来，每次产下一颗卵都释放出一颗或几颗精子。现在，它产下一些未受精卵，它们长大后变成雄蚁。有繁殖力的雌蚁就像它们那些无繁殖力的姐妹一样，都产生于受精卵。只需给它们饲喂不同的食物，就能让无繁殖力的蚂蚁获得繁殖力。在几乎所有种类的蚂蚁中，只要蚁后活着，蚁群都能一直延续下去，通常存在5~20年不等。一旦蚁后死去，蚁群便会逐渐衰落，直到最后一只工蚁死亡。

　　这个基本的生命周期有许多变异形式。有些蚁群由多个蚁后合作组建，稍后，除一只蚁后外，其他蚁后全都会遭到清除。有些蚁群会逐渐分流出新的蚁后和工蚁，形成卫星蚁群，并共同组成更大的"超级蚁群"。还有一些蚁群则会采用多个蚁后的形式。在有些种类中，新蚁后会在建立新的蚁巢时带走若干工蚁，这个过程被称为"分群"。而在另外一些种类中，蚁后根本无法独立养大至关重要的第一代工蚁，这时，它会暂时或永久性地侵入别的蚁巢，利用那里的工蚁顺带或完全养育它的幼蚁。

一只有翅蚁后出发
去建立自己的蚁群，
陪伴它的，是粘在
它腿上的几只小工
蚁，来自它出生时
的蚁穴。

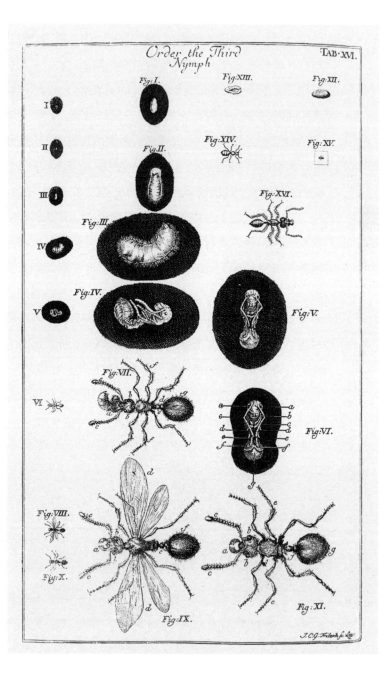

（左页图）描绘蚂蚁生活史的早期图画，摘自约翰·斯瓦默丹（John Swammerdam）的《自然之书》（The Book of Nature），又名《昆虫史》（The History of Insects），出版于1758年。

热带地区的行军蚁根本没有真正的蚁穴，每到过夜时，它们只需聚集成群并悬挂起来，便可环绕蚁后形成露营地。到捕猎时，整个蚁群都会加入行军，从地面上席卷而过，吃掉路上的任何食物，直到夜幕再次降临。这样的蚂蚁来自几个相隔甚远的属，但它们只是少数。大多数种类的蚂蚁都拥有固定基地，也就是蚁穴，它们的生活便以此为中心运转。在基地的中央，通常是蚂蚁建造的封闭住所，到了晚上，所有成员都会回到里面，而其核心区域则是蚁后栖居并繁殖后代的处所。就在蚁巢的外面，通常还有个"垃圾堆"，是蚁群堆放废物的地方。蚁群的领地就围绕蚁穴，向四面八方延伸。

蚁穴可在各种地方找到，包括植物体内，例如，在这幅1910年的插画中，就有一窝弓背蚁属（Camponotus quadriceps，今归属于平头蚁属，Colobopsis quadriceps）的蚂蚁，居住在一株印马黄桐（Endospermum formicarum）的树枝内。

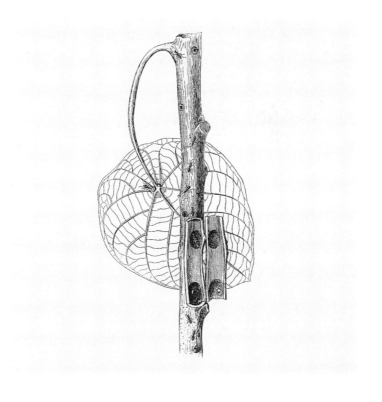

蚂蚁往往与自己居住的植物形成共生关系，保护植物，以此作为植物提供住所的回报。这幅1910年的插图描绘了一些虹臭蚁属（*Iridomyrmex*）的蚂蚁，居住在巴布亚新几内亚的一种附生植物里面。

　　一个蚁穴中包含若干不同的职业品级，还有一些处于不同生长期的蚂蚁。工蚁承担种类繁多的任务。其中看护蚁负责照顾卵、幼虫和蛹。许多研究者都注意到，在蚁穴受到威胁时，看护蚁会将它们搬走，或者在一天中的不同时间，把它们从巢中的一处运到另一处，如此一来，当蚁穴随着太阳的移动而变得或暖或冷时，它们就能保持合适的温度。看护蚁还时常舔舐幼虫，给它们抹上抗菌的化学物质，抑制蚁穴中的细菌生长。

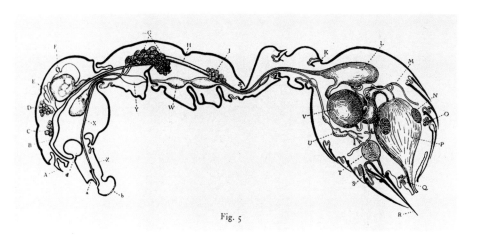

Fig. 5

蚂蚁的交哺是通过嗉囊即"社会胃"（L）实现的，它可将嗉囊中的食物反刍出来。图片来自奥古斯特·福勒尔的《蚂蚁群居社会与人类之比较》。

　　与此同时，建筑蚁负责收集泥土，用来修补和建造巢穴。巡逻蚁负责巡视蚁穴及周边地区，检查自己遇到的蚂蚁，看它们是不是外来者。巡逻蚁似乎也负责挑选觅食地点和觅食路线。而觅食蚁——正如其名字所暗示的那样——则出去寻找食物，或者被征募去开拓同伴确定的食源。它们往往顺着前面那些蚂蚁在巢穴与食源之间走过的路线行进。通过互相反刍，即所谓的"交哺"，整窝蚂蚁很快就能分享它们找到的食物。清洁蚁负责照管蚁穴外的垃圾堆，有时会把它搬到别处。兵蚁负责保卫蚁穴，甚至参与攻击行动，不管是针对同种或不同种的其他蚁群，还是针对其他昆虫。

　　控制蚁群的领地殊为关键，因为这里生产出维持种群所必需的食物。随着蚁群不断增长，它们必须扩大其觅食领域。如果相邻蚁群的领地彼此接壤，它们之间就会发生争斗。兵蚁作战时，会互相蜇咬或喷射毒液，以及用下颚格斗或劈砍。它们经常选择的毒液是蚁酸，许多种类的蚁穴在受到惊扰时，会因此而弥漫着独特的气味。这种气味让人想起尿液（piss），中古英语中的蚂蚁一词 pismire 就得名于此。蚂蚁还常常与其

为了抵御威胁，蚂蚁会喷射出蚁酸，从而在受到侵扰时赋予它们独特的气味。图片来自奥古斯特·福勒尔的《蚂蚁群居社会与人类之比较》。

林蚁的蚁丘。工蚁会在白天忙忙碌碌地维护这个小丘。

他昆虫，尤其是白蚁，发生冲突。有些种类的蚂蚁甚至会袭击别的蚁穴，盗走幼虫作食物。进化中的军备竞赛让彼此竞争的物种保持生态平衡；如果蚂蚁被引入一个新的地点，那些无法适应新来者战斗策略的本地物种，将会被它们一扫而尽。

据一些研究者所言，蚁穴本身也要经历一个成熟过程，这体现在蚂蚁的集体行为中。蚁群在经历建成之初的"胆怯"阶段后，会进入侵略期，总想跟邻居寻衅生事，也许是为了扩张势力。更成熟的蚁群则会与附近的蚁群和平共存，循着自己的觅食路线行动，避免冲突对抗。

　　某些种类的蚂蚁不仅会为了食物发生直接冲突，它们还会掳掠其他蚁穴的蚂蚁充当奴隶（这种现象被当代蚁学家称为"奴役异种"）。许多蚂蚁都窃取蚁蛹而非成虫，蛹会沾染上蓄奴蚁巢穴的气味，它们羽化后的行为就跟为同类工作一般无二。有些蓄奴蚁完全依靠引入的外来者维持生存，它们甚至都没有工蚁，无法养活自己。最常见的奴役关系之一，存在于红色的红悍蚁（*Polyergus rufescens*）与它们那些黑色的受害者丝光褐林蚁（*Formica fusca*）之间，19 世纪的许多作家自然而然地称后者为"黑鬼蚂蚁"。另外一些人认为，动物世界中存在奴隶制的想法十分可憎，因此坚称外来蚂蚁并非"奴隶"，而是"外援"，例如皮埃尔·休伯（Pierre Huber）早在1810 年就提出了这种说法。亚伯拉罕·林肯采用了相反的策略，暗示人类应该在道德方面超越蚂蚁（虽然他也赋予这些黑色的奴隶某种类似于原始苹果电脑的脑力）：

蚂蚁辛勤劳作，将面包屑拖入巢中，它会抵抗任何攻击它的盗贼，不遗余力地保卫自己的劳动果实。显而易见，那些曾经为奴隶主辛苦劳作的奴隶，就算是再迟钝愚蠢，也始终明白自己受到了虐待。[6]

人类记录者更容易接受其他蚂蚁的生活模式。收获蚁从干旱的环境中收集种子，存放在蚁穴里。所罗门或许就是受到它们的启发，才建议懒汉"去看看蚂蚁，观察它的作风，便可得些智识"。许多研究者观察到它们其实会咬断胚根，也就是种子生根的部分，以防止种子在蚁穴中生长。如果种子受潮，就会被搬到蚁巢外晾干。到了需要的时候，收获蚁会将种子嚼烂弄湿，直到可用作食物。

蚂蚁还以蚜虫和其他类似的同翅目小虫子为基础，建立起另一种著名的生活方式。蚜虫能够用尖尖的口器吸食植物的汁液。蚂蚁则会用触角敲打虫子，通过这种恳求行为，诱使它们分泌出一滴"蜜露"给蚂蚁。在电影《小蚁雄兵》（*Ant Z*）中，正是这种交换方式引起蚂蚁 Z（由伍迪·艾伦配音）的烦恼。同伴问他："你不想来杯蚜虫啤酒吗？"他抗议说："你不妨说我疯狂，但我就是不喜欢喝其他动物肛门里流出来的东西。"维多利亚时代的作家表现得更有教养，他们喜欢把蚂蚁的蚜虫比作奶牛，是为供给牛奶而蓄养的。不管怎样描述，这都不过是蚂蚁跟其他昆虫和植物之间存在的众多共生关系之一。在这个特例中，蚜虫可享受蚂蚁提供的保护，避免掠食者的猎捕。为确保蚜虫的安全，有些蚂蚁甚至将它们圈养在自己的蚁穴里。

蜜蚁将食物储藏在同伴体内。这些蚂蚁居住在沙漠中，在食物充足时，会把选中的工蚁喂个饱，直到其身体变得如同膨胀的气球，里面装满糖汁。随后，这些工蚁被悬挂在蚁穴顶上，等到食物匮乏时，蚁群才会需要它们嗉囊里的食物，让它们通过交哺来给其他蚂蚁喂食。有时这种策略会落空，因为澳大利亚原住民善于寻找并挖掘蜜蚁，把它们当作甜食。

切叶蚁能够种植菌类当食物。正如其名所示，切叶蚁会收集叶子碎屑（它们做得非常成功，因此在故乡美洲热带地区成为农业害虫）并运回巢中，然后在叶子上植入菌种，任其生长，直到蘑菇可供食用。观察者很容易将这种现象与人类的农业相比。

从蓄奴者到园丁，蚂蚁的全套技艺包括 20~40 种不同的行为，具体取决于它们的种类。根据有些学者的看法，一只蚂蚁的本领与其职业品级有密切联系；还有些学者发现，蚂蚁的个体行为更加灵活，在整个种群表现出来的所有行为中，大多数它都能运用。

在一个蚁穴中，蚂蚁的数量可高达 2 000 万之巨甚至更多，要将各成员之间的功能协调起来，就必须拥有可靠的交流系统。觅食蚁为了以最高的效率找到并运回食物，就需要召集工蚁同伴前往食源地。它们必须具备辨认同窝蚂蚁的能力，把同伴与潜在的外来敌对者区分开来。如果侦测到敌人，它们就需要发出信号通知同伴，召集部分同伴参加战斗，并让其他成员担负起挽救蚁卵、幼虫和蛹的任务。所有诸如此类的职责，都主要通过化学交流即生化信息素来完成。蚂蚁可制造出 10~20 种不同的化学物质，表示具体的请求或警告，通过身体接触或留在身后的化学痕迹，将它们传播出去。显然，通过简单的信息增强体系，蚂蚁就能完成复杂的任务。例如，俗称"编织蚁"的黄猄蚁会聚集起来，共同将两片叶子折拢并粘在一起。在这项集体劳动中，选择特定叶子的"决定"由单个的工蚁触发，如果它成功地将某片叶子稍微扭弯，就会释放出表示"成功"的生化信息素，召唤另一只工蚁参与这项工作。如果第二只工蚁也发现那片树叶是可扭折的，就会释放出自己的生化信息素加以强调，如此便形成一个正反馈循环。以同样的方式，蚂蚁也能从优质食源地逐渐开拓出一条最佳的回巢路线。生化信息素还能发挥更长久的控制作用：蚁后可分泌出阻止工蚁达到性成熟的信息素，而兵蚁可按照整个蚁群的需要，分泌出信息素限制相同品级的蚂蚁数量。荷尔多布勒（Hölldobler）和威尔逊曾总结蚁群的交流说："简言之，蚂蚁的成功之道在于擅长交谈，一如人类。"[7]

利用触角的触觉尤其是嗅觉，进行触角交流，这对蚁群的组织行为至关重要。图片来自奥古斯特·福勒尔的《蚂蚁群居社会与人类之比较》。

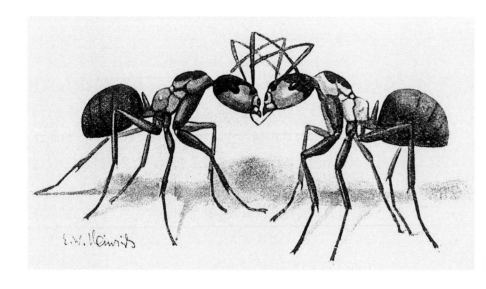

保存在琥珀中的蚂蚁，以精美绝伦的方式证明，在 2 500
万~4 000 万年的时间里，北欧的蚂蚁数量众多，且形态与现代
蚂蚁非常相似。包括达尔文在内的许多人都感到迷惑：达到
这种现代形态，并拥有高度发达的社会生活方式，它们是怎
样实现的呢？直到 20 世纪 30 年代，蚁学家都通过观察现存的
胡蜂总科蜂类，来寻找最佳答案。没有一种蚂蚁能独立生存，
但在这些蜂类中有许多物种能做到。

多米尼加琥珀中的
蚂蚁，形成于中新
世早期（约 2 000
万年前），其中一只
蚂蚁正用大颚咬住
另一只的腹部。

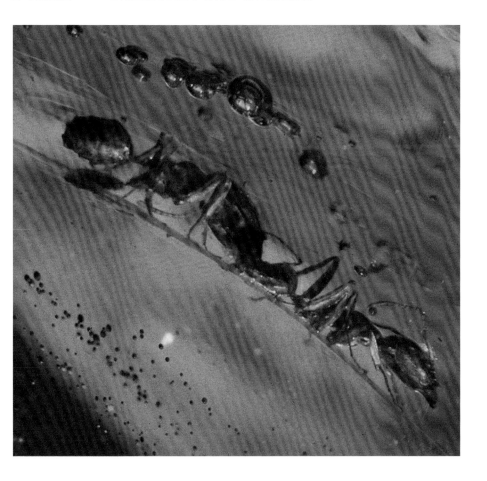

不同的独栖蜂类以不同的方式抚育后代。有些留下食物并产卵，以便孵化后的幼虫食用；有些则在幼虫孵化后继续送去食物；还有一些将活生生的猎物麻醉后留给后代，或者将猎物嚼烂并团成小球，以方便幼虫取食。20世纪初的研究者认为，这些方式已经朝代际交流迈出了若干步伐。[8] 此外，他们还假设，为了最好地利用已有的食源，从前的雌蜂会在某些情况下，从上述行为之一转向另一种。他们断定，在后来的一代代后裔中，这些习得行为随后逐渐成为固定的生活方式，最终母亲便依赖跨代工蜂品级（亦即它的女儿们）来确保繁殖的成功。蚁学家得出结论：原始的独栖蜂蚁就是这样逐渐习得社会化生活方式，并演化为现代蚂蚁的。

　　在澳大利亚，仍能找到一些蚂蚁，让人可望而不可即地一瞥原始的独栖蚁类，正如那里的有袋类动物似乎也展示了远未发育完全的哺乳动物的解剖学形态。这些蚂蚁维持着相当小的蚁群，其工蚁没有分化出育幼、战斗、觅食等特化品级；且个体之间很少交流，却像胡蜂总科的那些独栖蜂类一样单独觅食。

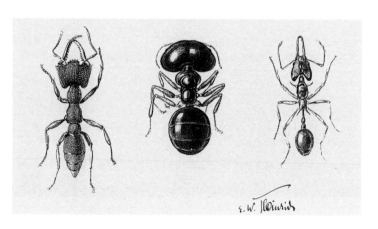

三种现存的原始蚂蚁，左边那只来自马达加斯加，另外两只来自澳大利亚。注意它们不同寻常的解剖学形态。图片来自奥古斯特·福勒尔《蚂蚁群居社会与人类之比较》。

与此同时，现代胡蜂总科蜂类和蚂蚁的"细腰"外形，以及在解剖学上的其他相似性，也说明这两个家族之间存在亲近的进化关系。根据这一点和其他形态学信息，昆虫学家推测出早期蚂蚁在从独栖昆虫转化为社会性昆虫期间可能出现的身体特征。1966年，美国新泽西州的一对退休夫妇在搜寻当地海滩时，找到一个保存在琥珀中的蚂蚁标本，这是迄今最古老的此类标本。正如蚁学家所料，这些新化石中的蚂蚁既存在与现代蚂蚁相同的关键特征，也跟胡蜂有相似之处。因此，他们将这些蚂蚁定为一个新属：蜂蚁属（*Sphecomyrma*），意思是兼具蜂和蚁的特征。对昆虫学家来说，这就像发现类人猿与人类之间的进化缺环一样令人兴奋。他们推测蜂蚁的生活方式与澳大利亚那些原始蚁类近似。从那个琥珀内，他们瞥见了1亿~1.2亿年前社会诞生时的情形。

上述事实代表了目前有关蚂蚁的科学共识。但它们也会被当作神话，就像柏拉图和普林尼笔下的蚂蚁那样。我并不是说人们应该把这些知识视为虚构。然而，研究蚂蚁的正确方式并非只有一种，正如宇宙间的其他所有事物一样，我们也可从各种层次上描述蚂蚁。在不同时期，研究者选择蚂蚁生活的不同侧面加以探索，包括解剖学、分类学、进化学、生理学和心理学特征以及社会行为。这些选择本身无所谓对错，仅仅反映了观察者当时专注的方面：收集、解剖、讲述其起源、认识人类思想、理解群体行为。

除此之外，我们在尝试捕捉和阐释任何自然现象时，使用的语言和模型都来自人类的文化（如"蚁后""姐妹"），在描述外部世界的同时，也反映了我们自己的一些观点。正如

本章开头所述，即便是"尊重事实"的现代蚁学家，在描述自己的发现时，也倾向于使用神话式语言。本书并不认为这是对科学客观性的限制，相反，本书提出：理解科学中的文化偶发事件，我们就会获得更丰富、全面的图景。在下一章中，我们将稍稍深入到表面之下，揭示蚁学家坚持用夸大其词的术语描写这些渺小昆虫的可能原因。

（左图）研究蚂蚁的方式之一：在自然环境中观察蚂蚁的行为。

（右图）另一种研究蚂蚁的方式：察看蚂蚁在扫描电子显微镜下的生理学影像。

第二章

仆从千千万

Chapter Two   Ants as Minions

很久以来，当人类低头观察蚂蚁的微观世界时，就情不自禁地把眼前的蚁群想象成供自己驱使的王国。在古希腊神话中，忠诚的士兵密耳弥多涅斯人被称为 Myrmidons，它与希腊文中的"蚂蚁"词根相同，在英文中，一些与蚂蚁有关的词汇便来源于此，如 myrmecology（蚁学）和 *Myrmecia*（斗牛犬蚁属）。蚂蚁们井然有序、不屈不挠地向前挺进，令人惊叹不已，从它们身上，古希腊人看到了钢铁之师或者残暴之师的品质——究竟是哪一种则取决于它们站在哪一方战斗。

　　作为美西战争和美国内战的老兵，亨利·麦库克（Henry McCook）也对蚂蚁如痴如醉。麦库克曾在伊利诺伊州召集一队志愿兵，亲自担任其统帅兼随军牧师。不过，对他来说，蚂蚁才是理想的军队。他描述了蚂蚁如何成为供他指挥的完美部属：

　　　　……山区的蚁丘建造者……（蚂蚁）让人想起边疆各州早期的民兵组织——例如，俄亥俄州要求每个成年男子都必须服兵役，不受年龄或其他因素限制。其实，从理论上说，这就是美利坚合众国公民与普通政府的关系。我们的蚂蚁绝不会逃避这种职责。它们中没有逃兵，看不到懒惰、怯懦和逃避责任的蚂蚁。它们怀着最热忱的善意迎接服役的号召……[1]

人类沉溺于蚂蚁大军之梦的方式形形色色。有些就像麦库克一样，喜欢从那些微不足道的臣民身上体验相对威武的优越感。蚂蚁似乎表现了渺小个体汇聚成的群体力量，为那些受尽践踏的人提供了令人安慰的另类现实。另一些人则身临其境般地进入单个蚂蚁的小世界，从中获得慰藉，因为蚂蚁即使单枪匹马，也能以弱胜强，以寡敌众，成为童话故事中典型的胜利者。从蚁学家的回忆到儿童小说，乃至于古代神话，这些奇想都有一个相似之处：它们对蚂蚁的想象都以力量为基础。

《大军挺进佐治亚》（*Marching Through Georgia*，1957）把蚂蚁描绘成美国内战中入侵佐治亚州的联邦军队。

卑微者的军队

　　并非每个人都有将帅之才，但人人都可以梦想自己居高临下，发号施令。一队玩具士兵带给人的乐趣就产生于此，那是真正古希腊意义上的典型密耳弥多涅斯军营，跟幻想统治蚂蚁帝国有异曲同工之妙。相比之下，这种幻想者在自己的世界中就是巨人，一个在屋里受到欺凌的孩子，可以在花园里找到一个小小王国，而自己在那里就是神灵般的庞然大物。

　　奥古斯特·福勒尔（Auguste Forel）年幼时就是这样一个孩子。他于1848年出生在瑞士洛桑附近乡村一个富贵之家。最终，他将成为一位颇有影响力的精神病学家，以及国际公认的蚂蚁专家。不过，童年时的奥古斯特生性腼腆，体弱多病，孤单可怜。他讨厌母亲的陪伴，作为一名加尔文教徒，母亲对他过度保护，而且有些神经质。他后来写道："除了拜访祖父母，我被剥夺了所有人际交流的机会。母亲甚至不许我独自踏入花园。"奥古斯特在蚂蚁身上找到了逃避的办法，年仅6岁，就开始迷上蚂蚁的社会生活。他在自家宅邸周围观察三种不同蚂蚁的蚁巢，"亲切地……用面包、糖等食物"喂它们。[2] 小奥古斯特热爱自己的蚂蚁，这么说一点儿都不夸张。当他最爱的蚁穴遭到一群红火蚁劫掠之后，他感到绝望，愤怒地将滚水浇在入侵者身上，却徒劳无益。不久，在学习了一些古典文学之后，他开始写一部荷马式的史诗"蚂蚁战争"，一部《"蚁力"亚特》（Fourmiad），其中，建造蚁丘的黑背草地蚁（Formica Pratensis）扮演希腊人的角色，而形迹如盗

贼的血红林蚁（*Formica sanguinea*）* 则是狡诈的特洛伊人。福勒尔从小记笔记，里面满是草图、注解以及编号的手迹，这一切都表明，他是如何心无旁骛地沉浸于蚂蚁的小小王国中，以此逃避他的母亲，逃避《圣经》和宗教教义中那些没完没了、令人腻烦的说教"[3]。他在蚂蚁帝国中找到了一个传统主题的缩影，尽管属于更大的世界，在他看来却独立于后者。那是一个自治的乌托邦，而他自封为它们的君主。

　　并非只有福勒尔才从蚂蚁身上获得慰藉。20 世纪 30 年代，年幼的威尔逊跟随分居的父母四处漂泊。这种居无定所的生活让他孤独而渴望社交，一如福勒尔。如今，作为全球最著名的蚁学家，威尔逊提出："孤零零地置身于优美的环境中，这或许是造就……田野生物学家的好办法，虽然有些冒险。"[4]他自己当然就是这样的：威尔逊没有交到人类朋友，但他也在小蚂蚁那些宛如神话的军队中找到了志同道合者。"我拯救了少量老人须（Spanish moss）** ……它们是我的朋友……我在床下的一罐沙子里养了些收获蚁……我发现了童话故事……"[5]

* 另有一个中文俗名为"凹唇蚁"。
** 凤梨科铁兰属的一种附生植物，状如胡须。

20世纪60年代，西班牙出了一本童书《拉迪斯和蚂蚁》（*Ladis and the Ant*，1968），它简直就是以虚构的笔法记录了福勒尔或威尔逊的童年。书里刻画了一群蚂蚁，对于故事中那位不幸的主人公来说，它们不啻救星。8岁的小男孩拉迪斯因为身体不好，被送到乡下避暑。他带着腼腆和自卑来到那里，就像所罗门的蚂蚁*那样，在书中第一段，他就被描述为"不够强壮"。只有当一位友善的王后利用魔法，将拉迪斯变得跟蚂蚁一般大小，并让他熟悉了蚁穴的内部之后，他才学会放松身心，健康状况也开始改善。蚂蚁就像驯服的马儿那样驮着他，并且忧心忡忡地告诉他："说不定你会突然冒出一个念头，让自己在蚁丘内长大，然后将我们全部毁掉。"拉迪斯学会和蚂蚁摔跤，他发现，一旦抓住它们的触角，就能将它们击败。甚至在拉迪斯回到人类世界后，他也仍然保持了自己新发现的力量感和自信心："他是多么幸运，能够在任何时候随心所欲，做自己喜欢的事情。"拉迪斯曾拥有一支个人军队，这段回忆支撑着他。[6]

因此，单个的蚂蚁虽然无足轻重，但整个群体的强大力量却是弱者的希望之源。另外，很多地方的文化都共同拥有此类有关蚂蚁的幻想。越南有句谚语，叫 con kien cong con vua，意思是小蚂蚁齐心协力就能抬起大象。在作家冯黎莉（Le Ly Hayslip）笔下，这句话在越南战争期间别具深意："美国如大象一般，能够席卷并践踏蚁丘般的越南，但蚂蚁拥有时间和数量上的优势，因此最终大获全胜，在受害者尸骨上跳舞的，是蚂蚁而非大象。"[7] 在产生于越战时期的越南文学中，越南人的众志成城被比作昆虫的劳动，而美国军队则被比作一群

* 指《圣经·箴言》中所罗门王有关蚂蚁的训诫。

群一无是处的昆虫：苍蝇和蝗虫。因此，越南虽然有公牛，但在他们的谚语中却没有力壮如牛之说，而有 kien cong 即"强大如蚂蚁"的说法，也就不足为奇了。

拉迪斯是另一个通过指挥蚂蚁大军找到勇气的男孩。插图来自何塞·玛丽亚·桑切斯－席尔瓦（José Maria Sanchez-Silva）的《拉迪斯和蚂蚁》。

缩放自如

当人们用数学来支撑有关蚂蚁部属的幻想时，他们得出结论：拥有一支蚂蚁大军，甚至比拥有一支缩小的人类军队更强（也可反过来说，一支巨型蚂蚁的军队能够战胜人类）。亨利·麦库克的计算，使得蚂蚁作为一种受他控制的力量，显得更加迷人。他想知道蚂蚁的巢穴与最伟大的古埃及建筑金字塔相比会怎样，并计算出这两种宏伟建筑（蚁丘和金字塔）与其建设者的体型之间的比例。他的结论是："人类的体型与其建筑物的比例为1:1 250万，而蚂蚁的体型与其建筑物的比例为1:58亿。只需简单的计算，就能对比鲜明地表现出这种昆虫的相对优越性。"[8]

在阅读麦库克的著作时，比利时剧作家兼作家莫里斯·梅特林克（Maurice Maeterlinck）评论说，与蚁丘相比，伦敦和纽约"不过是小村庄"。接着他又描述了蚂蚁和人类在个头比例上最常见的评价："我们看见蚂蚁……轻松自如地……用下颚尖……叼着松针或木屑运走，在我们眼中，那相当于两三个男子都几乎无法应付的梁柱。这时候，我们相信它们拥有……八倍或十倍于人类的肌肉力量。"[9]麾下如果有这样的士兵，那确实是难能可贵。

当小奥古斯特·福勒尔梦想着蚂蚁时，为了从精神上战胜自己的敌人，他梦想着让物体缩放自如。他经常想象自己拥有一只魔法气球，能够改变周围物体的大小，让它们听命于他的专横意志：

如果（我）将自己的一只宠物蚂蚁放入气球，让气球膨胀，然后打开它，那只蚂蚁就会按比例放大，变成一个庞然大物，能够将物体撕碎吃掉。另一方面，如果一名淘气的小男孩，或者我的一个敌人，被放进气球，他也会相应地缩小。如此一来，我可随心所欲地控制任何事情。[10]

这种算计揭示了蚂蚁形象的另一个侧面。且不论蚂蚁大军的群体力量，单是从它们的大小比例上，就能寻求到安慰。在多种文化的神话中，都有以弱胜强的故事，如穷人战胜王公贵族，孩童战胜壮汉，大卫战胜歌利亚。在文学艺术作品中，蚂蚁完美地演绎了这一角色，表明"弱小者"能够成功地战胜其劣势。印度尼西亚版的"石头、剪刀、布"就是一个很好的例子。在印尼，游戏中相应的三个角色是蚂蚁、人和大象。尽管人能够践踏蚂蚁，大象能够踩死人，但蚂蚁却能战胜大象，因为，在这个游戏中，大象无法忍受蚂蚁钻进耳朵产生的瘙痒感。弗兰克·辛纳特拉（Frank Sinatra）的蚂蚁及其搬动橡胶树的"远大志向"*，也属于这一类，按照以弱胜强的传统，恰恰是这种不可能完成的任务，证明他的乐观主义合情合理。由于一个古怪的巧合，当乔治·布什在"9·11"事件后称朝鲜属于"邪恶轴心"时，类似地，朝鲜也用蚂蚁作比喻，描述他们与美国人针锋相对的英勇壮举。尽管有关动物的比喻不胜枚举，他们却将自己比作"一只试图扳倒橡树的蚂蚁"。报道这条新闻的美国报纸向读者解释说："普通朝鲜人与外界如此隔绝，他们没有意识到这些比拟是多

* 指辛纳特拉在1959年的电影《脑洞大开》（*A Hole in the Head*）中演唱的一首插曲。

么不切实际。"[11]

在威廉·布莱克（William Blake）的《天真之歌》（*Songs of Innocence*）中有一首诗，标题是"一个梦"（*A Dream*），其中描述了对卑微者感同身受般的同情。在这首诗里，诗人做了一个预兆式的梦，梦见一只迷路的蚂蚁在萤火虫的指引下回到家里。诗歌的结构表明，他对蚂蚁的强烈认同感产生于神圣的启示，因为诗歌一开头就写道，天使们围绕着他的睡床，为他编织梦网，暗示他们也提供了一盏明灯，照亮诗人的道路，护送他平安回家。众所周知，布莱克极度反感启蒙运动的价值观，这一点也能在昆虫世界找到支持，它们的渺小把这种新哲学衬托得恰如其分："蚂蚁一吋鹰一哩／瘸腿哲学起笑意。"*

在布莱克有关个头大小的冥思之作中，最著名的是《纯真的卜辞》（*Auguries of Innocence*）。这首诗歌解释了人为何能在微观世界中找到慰藉。在诗中，他描写了那种见微知著的冥想，能产生化繁为简的安详平和之感：

> 一花一世界，
> 一沙一天国。
> 君掌盛无边，
> 刹那含永劫。

诗人兼批评家苏珊·斯图尔特（Susan Stewart）指出，这正是我们迷恋微观世界的本质。[12] 她提出一种令人信服的主张，声称缩微物品代表了人类梦想控制世界的企图。通过创造出缩微化的现实，我们就可万无一失地将现实融会于自身，

* 此处及下面那首诗的译文均引自王道余译本。

将更广阔的世界个人化和内化。斯图尔特曾以玩偶屋为例证明其理论，而人造蚁穴从 19 世纪便风行于世，它们就是活生生的玩偶屋。

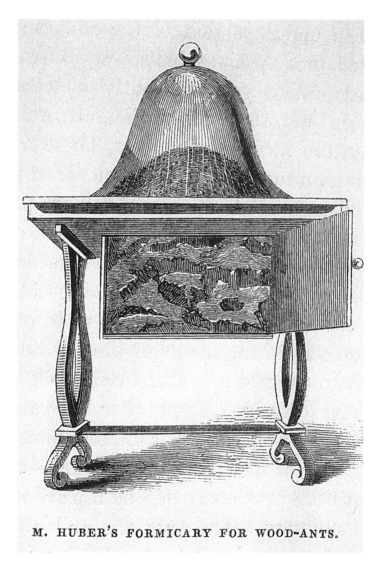

M. HUBER'S FORMICARY FOR WOOD-ANTS.

19 世纪初的钟式人造蚁穴，适合林蚁居住。

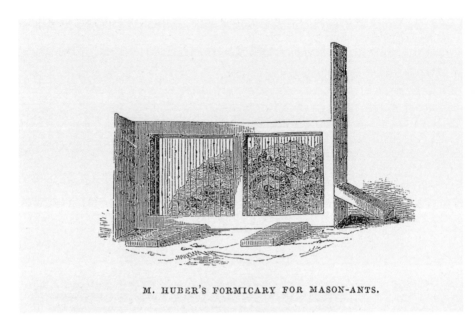

M. HUBER'S FORMICARY FOR MASON-ANTS.

19世纪早期的盒式人造蚁穴，适合草地铺道蚁（mason ants）居住。

左图所示的蚂蚁农庄（Ant Farms）玩具如今在美国儿童中仍很流行。

福勒尔和威尔逊的童年经历，符合斯图尔特所述的一种传统，它在 19 世纪的书籍和艺术作品中臻于极致。在那些文本和图画里，各种自然形象与童话故事水乳交融，人们对个头大小抱着玩笑态度，并以此探索世界，最终让读者对自己在其中的地位恢复信心。刘易斯·卡罗尔（Lewis Carroll）笔下的艾丽丝是这一传统中最著名的例子，在那次旅行中，她的个头不断变化，而她那些闻名于世的经历之一，就是与一条巨大的毛毛虫相遇。其他作家则完全专注于昆虫。这类作品中有一部美妙绝伦的杰作，那就是《老桃树的居民》（*The Population of an Old Pear-Tree*），于 1870 年在英国出版。

插图来自《老桃树的居民》(1870)，E. 冯·布鲁塞尔（E. van Bruyssel）作，书中那位"草地之书"的读者被缩小到和蚂蚁一样大，被一只蜘蛛吓得魂飞魄散。

身为士兵的蚂蚁，这一景象让那位读者想起弱小者团结一致的潜在力量。

这本书一开篇就写到作者"阴郁的心情"，他出门来到田野中，逃避日常生活的压抑，不久便沉沉入睡。他被一些愤怒的声音惊醒，抱怨他的脚碾死了它们的许多同伴——他的感官一下子变得"极其敏锐"。他能够面对面地看到一些昆虫，与他一般大小。叙述者刚一睁开眼，就见到一幕阴森恐怖的景象：他抬起头，只见一只饥肠辘辘的巨大蜘蛛朝他滑落下来。一只苍蝇救了他的命，它陷入蛛网，分散了蜘蛛的注意力。倒霉的苍蝇无法逃脱，成为蜘蛛的受害者，但在此之前，一只"讨厌的小寄生虫"却设法从苍蝇背上离开，成功逃脱。

（左页图）不过，昆虫王国的其他景象却让这位被缩小的读者心醉神迷。

书中的版画描绘了这件事情，以及叙述者随后遇到各种昆虫的经历，其引人入胜之处就在于，叙述者的视角反复变化，时而变得与虫子大小相当，时而又恢复真人大小。头三幅版画引导读者从普通视角向微观世界过渡，将蜘蛛变成可怕的庞然大物。但在书中其余部分，这种视角并未一直保持下去。在有些插图中，叙述者与昆虫一般大小；而在另外一些插图中，他显然比昆虫大一些。同样，按照他与昆虫的关系，他也在两种自我形象间转变。作者与蜘蛛、苍蝇及其寄

恢复蚂蚁与人类之间正常的大小比例，再次申明了那位读者的优势。

生虫的偶遇虽然贬低了他，但也让他感到安慰。他低声自语道："这只最卑微的寄生虫，从一只苍蝇翅膀上跌落，没准它自己身上也有害虫寄生。在太空中，天外有天；在地球上，一个原子会被另一个吞噬。"他在顿悟中继续沉思："我停下脚步，对这种势不可挡的念头感到困惑，我从这里开始受到启发。草地上的各种角色发生了变化，从此以后，我将称它为我的'灵修之书'。"[13] 不过，叙述者仍然记得自己原来的体形更大，因此能够对自己统领昆虫部属的想法玩味再三：

> 如果它们各自为政，就会沦为强者的猎物；但如果它们团结起来，就能拥有不可战胜的力量。赫拉克勒斯曾制服厄律曼托斯山的野猪，但一个蚂蚁军团却会把他打得落荒而逃。[14]

能够随心所欲地进入这两种视角，让叙述者时而处于昆虫微观世界的安全界限内，时而处于高高在上的优势位置，这两种随意转换的角度，正是缩微游戏中相伴相随的两极。

电影《微观世界》（*Microcosmos*，1996）以微距方式拍摄昆虫，色彩艳丽，如同18世纪初玛丽亚·西比拉·梅里安（Maria Sibylla Merian）手中美如珠宝的昆虫版画，在要弄观看者的大小比例意识方面，堪称代表作。在这个微观世界中，时间似乎比一个小时的片长延长了，观众一下子被吸引到昆虫的经验王国中，同时又对它们在微距镜头下呈现出的外表拍案叫绝。观众就这样在人类世界与昆虫世界之间转换，每次转变，奇迹感或庄严感都会油然而生。

创世神话和其他古代蚂蚁知识

就像指挥蚂蚁大军的梦想一样，涉及蚂蚁的创世神话也操弄有关力量的概念，衡量人类、诸神和自然界其余部分的相对位置。对 17 世纪的威廉·佩蒂（William Petty）而言，创世表明"在围绕恒星的星辰中……有生命存在……从尊卑意识上说，他们远远超越人类，比人类超越最卑劣的昆虫更甚"[15]。但并非所有文化都像他一般，通过思索昆虫世界，产生一种庄严如同神授的谦卑感。许多文化都利用此类神话强化那种与之相反的态度，即有关全能之神的幻想。

奥维德描述了最初的密耳弥多涅斯人是如何产生的，就属于这后一种类型。出于嫉妒，天后朱诺向埃伊那（Aegina）岛降下瘟疫，抹除了岛上除国王埃阿科斯（Aeacus）之外的一切生灵。埃阿科斯祈求宙斯还原他的人民，但得到回应的方式却出人意料，他向朋友刻法罗斯（Cephalus）讲述道：

> 在我站立之处，恰好长着一棵橡树，枝繁叶茂，亭亭如盖，它是朱庇特的圣树。我凝视着一群忙于工作的蚂蚁，它们用嘴运送细小的谷物，一个接一个，鱼贯而行，爬上树干。我羡慕地望着这些不计其数的蚂蚁，说道："天父啊，请赐予我如蚂蚁一般多不胜数的居民，填满我空荡荡的城市。"……夜幕降临，黑暗吞没了我的身躯……睡梦中，那棵树站在我面前，它繁密的枝干上布满了移动的鲜活生灵。它似乎在摇晃枝干，那些勤勤恳恳收集谷物的动物都落到地

上，难以计数。它们细如沙粒，越长越大，试图直立起来，身上多余的腿逐渐脱落，乌黑的颜色也慢慢褪去，最终拥有了人形。接着我就从睡梦中醒来……看见眼前有成千上万的人，一如我梦中所见，他们像蚂蚁那般列队行进。我凝视着他们，又惊又喜，这时他们走上前来，将我拥戴为国王，向我屈膝致敬。[16]

在斯坦利·威廉·海特（Stanley William Hayter）的这幅素描（1942）中，埃阿科斯正望着自己的密耳弥多涅斯大军从蚂蚁变形为人。

埃阿科斯根据蚂蚁（myrmex）一词，把这些新产生的臣民称为"密耳弥多涅斯人"（Myrmidons）。他们忠心耿耿，不仅效忠于埃阿科斯，而且也效忠于他流亡的儿子珀琉斯（Peleus），以及珀琉斯的儿子阿喀琉斯。在特洛伊，当密耳弥多涅斯人为阿喀琉斯作战时，他们重新获得了最初变形时失去的蚂蚁特征，身穿黑色的盔甲、手持黑色的盾牌，冲锋陷阵，就像兵蚁那样团结如一：

> ……听见王子的号令，他们的队列排得更加紧密了。他们的头盔和突出的盾牌挤得密密实实，就像被泥瓦匠砌在一起的块块石头……他们如此密集地比肩而立，盾牌贴盾牌，头盔接头盔，摩肩接踵。当他们转动脑袋时，那装饰着羽毛、闪闪发光的头盔顶部就会彼此相撞。[17]

有趣的是，荷马将密耳弥多涅斯人在战斗中的嗜血杀戮比作蚂蚁的近亲马蜂：

想象一群马蜂从道路一侧倾泻而过……那是社会公害。一旦受到路人的无意搅扰，它们就会立刻全副武装，倾巢而出，为保护幼虫而战斗。密耳弥多涅斯人就怀着这样的精神，从船只后面奔泻而出，甚嚣尘上……众志成城地冲向特洛伊人……[18]

埃阿科斯的密耳弥多涅斯人是完美的私人军队，是特意为他创造的，完全受主人控制，并对他忠心不贰。

丘比特和普绪喀（Cupid and Psyche）的故事是另一个有关

丘比特和普绪喀的
亲吻招来维纳斯的
惩罚，蚂蚁试图帮
助普绪喀，却根本
无济于事。

蚂蚁的希腊神话。维纳斯惩罚普绪喀，命令她必须在通过一项艰苦辛劳的考验后，才能与丈夫丘比特重新团聚。普绪喀被带进一个仓库，里面有一大堆混杂的粮食。维纳斯命令她在黄昏之前将不同的谷物分开。她惊慌失措地坐在那里，呆若木鸡，但她并没有输掉：

> 正当她绝望地坐在那里时，一只居于此地的小蚂蚁在丘比特的鼓动下，对她心生怜悯。蚁丘的首领率领着整整一群六条腿的臣民，来到粮食堆前，它们一丝不苟地工作着，将一粒粒粮食分门别类地各自堆好。等到完成任务后，它们立刻消失得无影无踪。[19]

伊索寓言中那篇有关蚂蚁和鸽子的故事，也探索了利用这些微型武装充当私人军队的幻想。[20] 在故事中，一只喝水

这幅版画创作于1800年，上面配了一段文字，复述了伊索寓言中《鸽子与蚂蚁》（The Dove and the Ant）的故事。作者忠告说："关键时刻采取行动的往往是出人意料的人。"

的蚂蚁被一股溪流卷走，幸亏有只鸽子折断一根小树枝，扔给蚂蚁，它才爬了上来，幸免于难。后来，当蚂蚁看见一个捕鸟人准备布设陷阱诱捕鸽子时，就叮咬猎人的脚，他丢掉涂了粘鸟胶的树枝，吓跑了鸽子。弱者大获全胜的传统故事比比皆是，以拟人化的方式描绘大自然中这种渺小的力量，是构筑此类故事的有效手段。

一则来自华南地区的传统民间故事，却颠倒了上述古希腊神话的关键要素。这个中国故事没有描述神灵派遣蚂蚁去为主人公服务并其将拯救出来，而是描写命运为他提供了别出心裁的救赎，让他随后变成一群蚂蚁。故事中的男子 * 有个爱唠叨的妻子，为了让妻子相信他有能力养家糊口，他声称自己拥有超级敏锐的嗅觉。很快，皇帝就听说了他这种并不存在的本事，邀请他去大显身手，为皇帝寻找失窃的玉玺。他陷入困境，在众目睽睽之下，去施展那项并不具备的本领。他咕哝了一句绝望的话，凑巧的是，那句话听起来语带双关，像是暗指两个盗窃玉玺的大臣，他们做贼心虚，立刻向他坦白了藏匿玉玺的地点。接下来，皇后又叫他用嗅觉猜测一只布袋里藏了什么东西。这让他再次陷入沮丧，每个出口都有人把守，他知道自己根本别指望猜对。他为自己的窘况痛哭流涕："唉，囊中之猫，死路一条啊！"没想到大家都向他欢呼起来，因为皇后确实在袋子里藏了一只猫（在考验他的过程中，它不幸死去）。所有大臣都认为他肯定是神仙，于是抓住他，将他抛入空中。可是他被抛得太高，掉下来时被摔得粉身碎骨，而每一个碎片都变成了蚂蚁。故事结尾说，就是因为这个缘故，不管人们把食物藏得多好，蚂蚁都能嗅出来。[21]

* 即"好鼻师"。

具有颠覆性的蚂蚁

伊索因为写了一篇表现蚂蚁谨小慎微的寓言而闻名，但在他的其他故事中，却以一种截然不同的方式，展示了古希腊的蚂蚁形象，暗示它们跟埃阿科斯或普绪喀故事中指挥密耳弥多涅斯大军的幻想可能存在联系。其中一个故事非常简洁：

> 有人目睹一条船连带船上的所有水手沉没，便抱怨诸神不公。他说：仅仅因为船上有一个不信神的人，诸神就连带毁掉了那些无辜者。正说着，他被一群蚂蚁围住，并遭到其中一只的攻击，虽然攻击他的蚂蚁仅有一只，他却对整群蚂蚁又踩又踏。这时，赫尔墨斯用棍子敲打着他，说道："现在你允许诸神像你对待蚂蚁那样裁决人类吗？" [22]

或许有人会顺着威廉·佩蒂那条格言的思路，对这个故事做出仓促的阐释：别以为你在世间多么威权赫赫，因为，诸神眼中的你，就像你眼中的虫子一样渺小。但伊索——或者说故事的原作者——并非新教道德家，在伊索的其他寓言中，赫尔墨斯扮演的角色并不是多么正面，因此他在这里是否公正就很值得怀疑。

如果做出裁决的是宙斯，这个故事就会让人产生截然不同的感觉。赫尔墨斯的裁决在道德上站不住脚，实际上，他有可能是含蓄地称赞那个人以机会主义的方式运用权力。其风格确实跟伊索那个有关蚂蚁起源的故事很像：蚂蚁原本是个喜欢偷鸡摸狗的农夫[23]，宙斯将他变成了世界上第一只蚂蚁。变形之后，"他"仍然继续像以前那样偷偷摸摸，直至今日。

通过赫尔墨斯的另一项功绩，伊索对创世秩序做出了具有颠覆性的微观阐释。当宙斯创造出人类后，他把赋予人类智慧的任务交给赫尔墨斯。赫尔墨斯仅仅使用一种容器，就为每个人称量出同样多的智慧：这对小个子来说不多不少，但大个子的脑子却有一半是空的，结果他们就变得有些愚蠢。[24] 小个子再次受到赞美，并获得读者认同，而大个子则遭到奚落，恰恰符合斯图尔特的论述。

蜜蚁（见第一章）似乎是昆虫界中货真价实的人类仆从，然而，就像伊索笔下一些蚂蚁那样，它们实际上更有颠覆性。这些蚂蚁悬挂在其地下巢穴中，如果人类有办法从满是尘土的地形中将它们挖出来，它们也算得上是一小口美食，但对缺少经验的人来说，这绝非易事。在澳洲的原住民艺术中，蜜蚁是一个流行的主题。根据原住民神话，他们那些"梦幻时代的祖先"采用的动物外形之一就是蜜蚁。或许正是受到这些蚂蚁给予的物质食粮启发，在艺术作品中，人们把蜜蚁描绘成有益于人类的自然使者。澳大利亚中部的原住民就在一首传统歌谣《蜜蚁人的情歌》（*Yurrampi Yilpinji*）中，以这种方式表现其蜜蚁先祖的艰苦劳动。[25] 据歌谣的编辑者所言，它其实是他们在梦幻时代的祖先创作的，当一群男子演唱这首歌时，它就会产生魔力，让其中一名演唱者能够吸引某位女性。作为歌谣的作者，以及演唱者在生活中效仿的典范，这种蚂蚁仆从就像红娘一样，能帮他找到爱情。因此，它在象征意义上也是甜美的。

澳大利亚的一家原住民正在挖蜜蚁。

这首歌谣的故事发生在双重的时间维度中，它以原住民先祖的梦幻时代为背景，并在那个时代创作出来，但演唱歌谣和发挥其魔力的时间却是现在。歌手满怀希望，参与了这场与梦幻时代祖先共享的古老爱情戏剧的演出。他当下的处境既笼罩在歌谣的叙事中，又与之交织，这种原始爱情故事的主要角色，是梦幻时代一位名叫"蜜蚁"的祖先。然而，那些演唱者与祖先的生活如此紧密地交融于一体，因此歌谣的题目被翻译成复数：从某种意义上说，那些表演者全都是蜜蚁人，至少在演唱歌谣时是这样。就此而言，这是另一个将蚂蚁和人类的性格交织起来的创世神话。

（左页图）蜜蚁巧克力。其配料中使用了两种蜜蚁：红蜜蚁（*Melophorus bagoti*）和弓背蚁属（*Camponotus sp.*）的某种蚂蚁。

在歌谣中，"蜜蚁"离开家，踏上漫长的旅程，途中看到自己渴慕的一名女子。为了吸引那位姑娘，他举行了一个仪式，而一只红极乐鸟（Red Bird）则充当他们的媒人。当那只鸟儿完成使命后，"蜜蚁"变得跟自己的动物偶像非常相似了（有趣的是，就像蚂蚁一样，他也变成了雌性的形象）：

"蜜蚁"拖着圆滚滚的肚子钻出洞来，

完成产卵，

沾沾自满。

　　当"蜜蚁"返回故乡时，那个女子伤心地离开自己的家，随他而去。一路上，她挖掘蚂蚁食物（似乎是字面上的意思），并且寻求与"蜜蚁"自身的结合（象征意义上）。最终，这个女子回到"蜜蚁"的故乡，和他在那里定居下来。不过，到这时，歌谣变得非常费解，还有些令人不安。有人认为，当他们第一次见面时，她就像捕捉蜜蚁一样将他抓住，然后挤出他的蜜汁。后来，"他想要蜜汁"，但她说"没有足够的蜜汁"。编者评论说，就蜜汁的性象征意义及其克制性而言，在欧洲也有一些类似的思想。

　　到这时，编者声称演唱这首歌谣是为了吸引女性的说法，似乎只是片面的解释，因为它没有情歌中常见的大团圆结局。它更像是他描述的另一种歌谣：是对爱情以及寻找爱情的艰难过程的反思。起初，一些半自然的生命以蚂蚁祖先的模样出现，帮助"蜜蚁"寻找爱情，就像大自然中的蛛丝马迹能够指引能干的澳洲丛林居民在沙漠中找到蜜源一样。不过，这些蚂蚁并不像仆从。最初，他们是向导，也是搜寻过程的共同参与者。后来，在歌谣中，随着这个比喻发生变化，而那个女子的欢心也变得难以捉摸，一如蜜蚁及其守护者，这时，我们似乎可以这么理解"蜜蚁人的情歌"：它反思了人类无法如普绪喀控制其蚂蚁仆从那般轻松掌握爱情的现象。渴望爱情的男子既像猎人，又像猎物。与古希腊及欧洲传统中在澳大利亚原住民艺术中，蜜蚁是一个流行的主题。图为弗洛里·琼斯·纳潘伽蒂（Florie Jones Napangardi）的作品《蜜蚁梦》（*Honey Ant Dreaming*）。

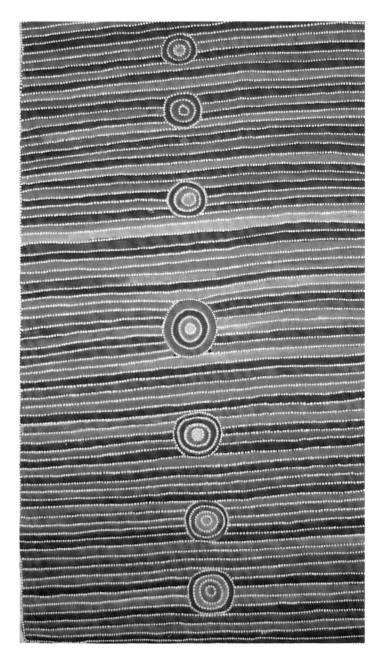

的蚂蚁相比，蜜蚁扮演的角色更加暧昧、复杂。

不过，关于如何阐释蚂蚁的微型军队，伊索的部分寓言和上述澳洲蜜蚁的故事都提出了一些有趣的问题。毫无疑问，这一类的表现方法是普遍存在的。在许多文化中，以弱胜强的童话故事都表明，如果能够控制蚂蚁，那么它们确实是一支强大的力量。相比之下，它们那个小小的世界让观察者显得安全而又强大。这种微观世界具有的怀旧倾向，也表现在蚂蚁图画及其与童年——就那些涉及蚂蚁的古今创世神话而言，甚至也包括人类本身的童年——的密切关系中。或许，通过令人安慰的历史内在化，这一切也是为控制目前生活所做的努力。因此，当有人问奥托·俾斯麦（Otto Bismarck）希望来世托生为何种动物时，他给出如下回答也就不足为奇了：

> 如果让我选择来世托生为何种动物，我想我会选择蚂蚁。瞧瞧吧：这种小生灵生活在完美的政治组织中。所有蚂蚁都必须劳动，过着有意义的生活；所有蚂蚁都很勤劳，而且唯命是从，纪律严明。[26]

由此推测，这种唯命是从无疑正是那位铁血宰相自己对部下的要求：他幻想将军队置于绝对控制中，就像控制蚂蚁一样。

堪为典范的蚂蚁

Chapter Three   Ants as Models

在前一章里，我们对蚂蚁做了隆重庄严的综述。现在，我们只需继续深入它们的巢穴，就能够看见，蚂蚁的行为将怎样成为观察者效仿的典范。

> 懒汉，你去看看蚂蚁，
> 观察它的作风，便可得些智识：
> 它没有领袖，没有监督，没有君王，
> 但在夏天却知准备食粮，在秋收时积贮养料。[1]*

对这种六条腿的小生命来说，所罗门的上述诫谕当然是最著名的道德评价，但诸如勤劳、谨慎和互助之类所谓的蚂蚁美德，已受到无数人的颂扬。事实上，伊索、拉封丹以及迪士尼公司的寓言，都重复了所罗门心目中的蚂蚁形象。对蚂蚁的道德阐释千差万别：在仔细观察过蚂蚁的行为模式后，从维多利亚女王时代的陈词滥调到社会主义乌托邦思想，乃至于纳粹的优生学，全都从中受到过启发。

* 译文摘自天主教思高译本《圣经·箴言》。

蚂蚁彩饰画，来自彼得堡的一部动物寓言。中世纪的动物寓言往往将蚂蚁的灵敏嗅觉跟基督徒区分正统与异端的能力联系起来。

重新阐释伊索及其寓言

正如我在前一章里指出的那样，根据伊索对蚂蚁的描述来判断他是说教者，未免有失草率。不过，他最著名的几篇蚂蚁寓言似乎确实强调了所罗门的评价，涉及蚂蚁那种所谓的审慎品质。在其中一则寓言《蚂蚁和甲虫》中，夏天的蚂蚁忙忙碌碌地从地里收集谷物，为冬季储备食粮，一如所罗门的描述。一只屎壳郎望着这一切，对蚂蚁从不像其他昆虫那样休息而表示惊讶。然而，等到冬季降临，被屎壳郎当作食物的粪球被水冲走，它只好向蚂蚁乞食。蚂蚁却拒绝把自己储存的任何粮食施舍给屎壳郎，还说它应该在夏天更努力地工作。另外一则《蚂蚁和蚂蚱》（或《蚂蚁和知了》）的故事与之相似：冬季，当蚂蚁晾晒自己储存的谷物时，一只饥肠辘辘的蚂蚱过来乞讨食物。它解释说："夏天的时候,我没法像你那样收集食物,我在忙着演奏音乐。"蚂蚁笑着回答道:"既然你在夏天唱歌,那么你现在就该跳舞。"

在伊索这些道德评判寓言中,让·德·拉封丹(Jean de La Fontaine)仅仅重述了后面的一则,并且语言尖刻犀利。[2] 这个故事的内容显然十分严肃,但如果以为拉封丹是通过它来进行说教的,那可就大谬不然了。不管是谁,只要读过他那本语带谤毁的《故事诗》(Contes et Nouvelles en Vers)都会证实这一点:情景反讽和幸灾乐祸才是拉封丹最感兴趣的道德现象。正如吉多·沃尔德曼(Guido Waldman)所言,拉封丹自

1864 年版拉封丹寓言《蚂蚁和知了》的插图,格兰维尔(Grandville,即让·伊尼亚斯·伊西多尔·热拉尔)作。

1745 年版拉封丹寓言《蚂蚁和蚂蚱》的插图。

法布尔（J. H. Fabre）是普罗旺斯的隐士兼昆虫爱好者，他痛恨蚂蚁和拉封丹的寓言。在他为这两种动物所绘的插图（1912）中，蚂蚁爬到知了身上，希图寄生于后者，以此作为自己的水源。

己的生活就跟蚂蚁相去甚远，倒更像"他那则著名寓言中的蚂蚱……生性不擅长节俭持家，很快就将自己的财产挥霍一空，只让那一连串从他生命中走过的女士们受益"[3]。这样一个人，似乎不可能在重新阐述伊索的寓言时想到道德说教。或许，拉封丹只是喜欢拿知了所象征的南方开个玩笑，甚至欣赏它含蓄影射的富有安乐窝——作为拉封丹庇护者的凡尔赛宫廷。

THE FLY AND THE ANT.   35

与拉封丹同时代的贝尔纳·曼德维尔（Bernard Mandeville）同样怀有自由思想。这位荷兰人学识渊博，在他侨居英国期间，正好时人普遍沉溺于蜜蜂所代表的道德含义，他曾对此大肆讽刺。曼德维尔也有意识地将自己笔下的昆虫置于伊索及其寓言的传统中，并于此前的 1704 年出版过一本《新编伊索寓言：用常见韵文写成的寓言集》（Aesop Dress'd or a Collection of Fables Writ in Familiar Verse）。忙碌的蜜蜂们显然非常愉快，它们"幸福的嗡嗡声"经常被人引用，而他这本寓言诗原名为"嗡嗡抱怨的蜂窝"（The Grumbling Hive），就是对那种说法的反讽。他后来又将它加以改写，更名为"蜜蜂的寓言：私人的恶德，公众的利益"（The Fable of the Bees, or, Private Vices, Publick Benefits）的诗歌。在曼德维尔看来，蜜蜂们的公共利益不过是个体自私行为的集体成果，完全是恶德。

1998 年，迪士尼和皮克斯公司再次阐释了伊索的那个故事，制作成动画片《虫虫特工队》（A Bug's Life）。在这个版本中，诚实、勤劳、美国味十足的蚂蚁没有嘲笑那些蚂蚱或蝗虫，因为后者似乎将侵略者和黑手党的特征融为一体，在每个夏季即将结束时，都会凶神恶煞地向蚂蚁索要食物。（有时，这些蝗虫会让观众联想起《侏罗纪公园》里的恐龙。）最终，在一支外来的跳蚤马戏团的帮助下，蚂蚁击败蝗虫，再次维护了自己的劳动成果，拒绝了那些寄生虫的要求。蝗虫虽然势力强大，实际上却必须依赖蚂蚁才能活下去。因此，蚂蚁们得出结论，认为自己才是更高级的物种，从某种意义上说，它们比那些无法自立的蝗虫更强大。到影片结束时，蚂蚁公主勇敢地对抗蝗虫头子，告诉它："你瞧，大自然

自有其规律。蚂蚁采集食物，是为了供自己食用，蝗虫必须滚蛋。"如此一来，电影就维护了美国梦，即拥有自己劳动成果的权利。在当代美国互联网上有关这个故事的种种讽刺文字中，蝗虫被比作美国国税局（简称 IRS）、自由派或民主党，它们都为这种阐释提供了普遍的文化基础。美国讽刺报纸《洋葱报》（The Onion）在 2000 年 6 月那一期中，对同一个故事做了反文化的阐释。它借一张"边玩边学"品牌的穴式蚂蚁农庄（Playscovery Ant Village）的照片，极力称赞蚂蚁"教孩子们了解劳苦与死亡"。

《洋葱报》把"'边玩边学'品牌的穴式蚂蚁农庄"当作 2000 年 6 月号的头条新闻，说它是"教孩子接受可悲的禁欲主义生活的有趣方式"，讽刺利用蚂蚁的行为来做道德说教。

自然神学

在对伊索寓言的阐释中，有一股特殊的潮流尤其值得重视，它涉及18世纪末和19世纪初对昆虫寓言的利用。那时候，许多人认为，上帝在"自然之书"里布设了许许多多的启示，对他在《圣经》中的教诲加以补充。当时的一些作者宣称，只要人们细心钻研，就会发现自然界中包含了道德训诫，表现了上帝的智慧和仁爱。他们共同创造了一种被称为"自然神学"的文献。到19世纪30年代，尽管自然神学已不再处于自然哲学的前沿，但其产物至少影响到整个19世纪。这个时期的旅游文学以及儿童图书，甚至20世纪的一些作品，都把蚂蚁描绘成值得效仿的对象。自然现象与神的意志彼此相通。

在自然神学更为优雅的早期，威廉·古尔德牧师（Reverend William Gould）出版了此类文献中的一本经典:《英国蚂蚁》（*An Account of English Ants*，1747）。这是他对蚂蚁的反思，清楚地显示了把大自然当作神启来解读的做法。不难想象，他也将书的部分内容融入了自己的布道中。

> （蚂蚁）对后代怀着惊人的强烈亲情，这或许会教我们珍视子孙后代，促进他们的幸福……蚂蚁勤勤恳恳，让人类中勤劳的人感到愉快，让懒汉感到羞耻。每个蚁群的成员都关心公共利益，无一例外，这让我们认识到公益的重要性，吸引我们为自己同胞的幸福而努力。我们或许能从蚂蚁的节俭中学会谨慎，从它们的聪敏中学到智慧。最后，如果我们回想起让

一窝蚂蚁与众不同的那种无限好奇心，想起一般工蚁的外形和结构，想起蚁后的荣耀个性，想起婚飞时那种奇异而无与伦比的环境，想起蚂蚁幼虫经历的非凡变化，想起它们在各种生命中间对不同物种和特殊需要的适应，我们怎能不赞美上帝的威严，他把宇宙打扮得美轮美奂，处处装饰着妙不可言的场面。"至大至尊的主啊，他理当受到赞美，他的伟大无法测度。"[4]

威廉·柯比牧师（Reverend William Kirby）是《昆虫学入门》（*Introduction to Entomology*，1815—1826）的作者之一。他也利用大自然做布道题目，长篇大论地讲述所罗门在《圣经·箴言》里有关蚂蚁的词句。《箴言》里描绘的似乎是中东收获蚁的独特行为，对柯比牧师来说，证明欧洲的蚂蚁也能收集并储存种子，这一点至关重要。如此一来，柯比就能证明，上帝通过大自然，为以色列人和欧洲人提供了同样的道德训诫。于是《伊索寓言》和《圣经》就被重新确立为放之四海而皆准的权威。

尽管曼德维尔早有讽刺在先，但政治经济学的诞生，再次勾起了人们对社会性昆虫的兴趣。这个新近为亚当·斯密哲学所折服的社会，援引蜜蜂为例，阐释社会经济。蜜蜂通过分工，制造出作为收益的蜂蜜，然后为了公共利益而储存起来。一位沿袭这个传统的作者评论道：

……所谓的蜜蜂经济，并不单指它们建立食品储藏库，以备自己和幼虫在食物匮乏时使用，也指它们以明智而谨慎的方法管理家务，由此，蜜蜂个个分工明确，为了群体利益而兢兢业业……那些栖居于人类蜂巢的人，若能理解我们一直言说的经济节约，便是最幸福的人。他们研究时间、食物、衣服的经济节约，研究每一种财产类型的经济节约，感觉浪费任何东西都是罪恶……这种人并非自私自利者——只有思想肤浅之徒才会这么说他们。的确，他们是在积聚财富，但凭借财富，他们也增加了自己行善积德的方式。因为那些了解财富价值的人，显然能够把它们用在最利己又利人的地方。[5]

强调社会性昆虫的节俭美德，这种做法很容易跟自然神学的道德劝诫结合起来。1851 年，基督教知识促进会（the Society for the Promotion of Christian Knowledge，SPCK）出版了两

蚂蚁的乡村田园风光，蚁丘不远处矗立着一所教堂，让读者想起蚂蚁拥有众多如同神赐的品质。插图来自无名氏所著的《来自动物界的训诫》（*Lessons Derived from the Animal World*, 1851）。

THE ANT-HILL

卷有关自然史和动物道德的书，其中第二卷讲的全部都是昆虫，尤其以蚂蚁为主。那位无名作者与古尔德牧师遥相呼应，指出蚂蚁在节俭方面为读者树立起令人钦佩的榜样。这就是所罗门将蚂蚁列入"人间四样聪明小物"的理由，因为，虽然"蚂蚁是无力之类，却在夏天预备粮食"。

在这种背景下，伊索寓言在 19 世纪被抹上更浓重的道德色彩，比 150 年前曼德维尔和拉封丹的道德重释更甚。毫无疑问，这部寓言的读者现在应该认同蚂蚁，而非那些失败的乞讨者，即屎壳郎或蚂蚱。然而，这篇寓言究竟是劝阻人们迁就于不幸的求救者，还是警告人们世态炎凉、对缺乏准备的人毫不同情？ SPCK 的那位作者倾向于把寒冬对昆虫的影响——如果不广积食粮，就难免饥馑——阐释为上帝对它们在夏季的道德行为的裁决。他（或她）评论说："大势所趋，明白无误：赐福于勤劳、节俭之人，赋予他们丰足的财富，乃是全能之神的美意。"[6] 在产生于放任主义的自然神学中，义务具有双重性：一方面要养活自己，另一方面又不得以施舍的方式阻碍上帝的经济规律发挥作用。

尽管笼罩在达尔文自然选择论（且不论做出判断的是上帝还是大自然）的阴影下，但涉及社会性昆虫，仍有一种乐观的自然神学幸存下来。迟至 1867 年，乔治·克鲁克香克（George Cruikshank）还在它们的启发下创作了版画《英国蜂巢》（*The British Bee Hive*）。图中展示了这个蜂巢社会中层次分明的基本要素——军队、银行、商业、艺术——支撑着上层社会的各种要素，如政府、维多利亚女王及其家庭。

到 21 世纪初，仍然有一些基督教和伊斯兰教的文本，利用蚂蚁的生活来阐释神的属性。在撰写本书期间，通过互联网就可搜索到大量这一类的宗教或神启小册子，其中包括联合上帝教会（United Church of God）的一篇布道辞，根据布道者遭遇一窝得克萨斯蚂蚁的经历写成。他按照正宗的自然神学传统开始演讲："这篇布道其实来自一窝火蚁，今天我打算把它转述给你们。"一个穆斯林网站利用蚁巢"有条不紊的秩序"，宣扬"某个'监督者'的神启证据"，并建议读者同样应该"虔信真主"。

蚂蚁的家政

自然神学阐释的细节往往十分有趣，揭示了历史学家原本看不到的社会规范和文化。[7] 这方面的资料展现了一个特殊的领域，即家庭，19世纪的自然神学家为它提供了来自蚂蚁的建议。本章接下来的两部分将深入探索其细节，揭示神学家为提出适合当时道德风气的训诫，而对蚂蚁家政的两个特殊方面加以重新阐释。这些记述中首先涉及的是工蚁，蚁穴内的绝大部分成员都由它们构成，神学家以各种方式利用它们，劝诫人们毕恭毕敬地服从于尊长和一些激进形式的社会主义。其次涉及的是蚁后，它被当作君主和母性的模范。

对维多利亚时代的人来说，蚂蚁的家政显得尤其重要。因为他们竭力在家庭中构筑一个私人领域：男性与妻子、子女相伴的地方，与工作场所的公共世界迥然不同。当时的人创办了形形色色的报刊，如查尔斯·狄更斯的《家常话》

（*Household Words*），以满足这种自发产生的新兴市场。家庭也是传播道德和宗教教育的主要场所，因此，蚂蚁的家庭生活就成为自然神学中一个特别恰当的范例。

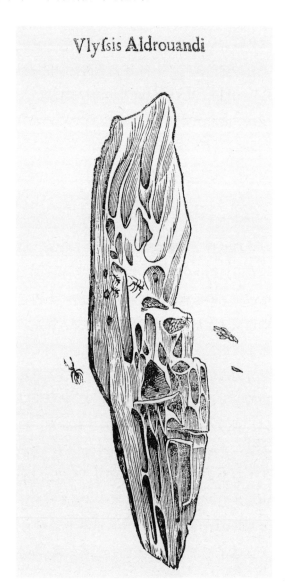

描绘"蚁丘家务安排"的早期作品，这幅木刻出自尤利瑟·阿德罗范迪（Ulisse Aldrovandi）的《昆虫类动物》（*De animalibus insectis*，博洛尼亚，1638）。

维多利亚时代的人们特别喜欢比较蚂蚁和人类的家庭生活，A. S. 拜厄特（A. S. Byatt）的小说在洞察力方面堪称个中翘楚。在她的长篇小说《莫尔芙·尤金尼娅》（*Morpho Eugenia*，1992）中，穷困潦倒的博物学家威廉·亚当森（William Adamson）到亚马逊地区采集标本，刚刚回国不久。他弄丢了自己的藏品，又无财力支撑他另外收集一批。一位富有的上层阶级赞助人，哈拉尔德·阿拉巴斯特（Harald Alabaster）牧师，希望请他来管理自己的自然历史藏品，他只得接受这个职位。亚当森无法融入阿拉巴斯特的家庭，在他爱上阿拉巴斯特的一个女儿尤金尼娅之后，这种情况更加恶化。他逐渐熟悉了这个家庭的构造和习俗，与这个过程相对应的，是女家庭教师实施的教育计划。在亚当森的指导下，她和孩子们一起研究布雷德里城堡场院内的一个蚁穴。随着情节的发展，拜厄特让读者注意到，她对这两个"家庭"做了讽刺性的对比，而小说中的人物自身并不一定意识到二者之间的相似性。

在亚当森的建议之下，家庭教师抓住一只蚁后，制作了一个人工蚁穴，供孩子们观察：

在电影《天使与昆虫》（*Angels and Insects*，1995）中，威廉·亚当森向布雷德里城堡的孩子们展示一个人工蚁穴。

在教室里，从蚁穴装有玻璃的那一侧，能够看见穴里的许多内部活动—蚁后孜孜不倦地忙于产卵，工蚁不断给蚁后清理身体和提供食物，搬走并照料蚁卵，将卵和幼虫转移到冷暖适宜的育幼室……[8]

同样，亚当森发现，对于新住处的生活，自己也是个格格不入的古怪观察者，他在物质方面过于舒适，但在社交角色方面——类似于蚂蚁的品级——却受到限制，这一切都让他感到非常陌生：

要理解布雷德里城堡的生活绝非易事。威廉发现自己既是超然的人类学家，同时又像童话里的王子，陷入一座中了魔法的城堡，被困在一道道无形的大门和温柔的束缚中。这里的每个人都有自己的位置和生活，几个月来，他每天都会发现一些陌生的人物，他以前从不了解他们的存在，对他们的职责任务也一无所知。[9]

随着小说一步步展开，人类和昆虫之间的相似之处变得越来越令人不安。最终，亚当森发现，甚至蚁穴中新蚁后的乱伦受精现象也并不局限于这个蚂蚁家庭。在整个故事里，自始至终，对于维多利亚时代沉迷于动物王国家庭生活的风气，拜厄特都表达了特殊的敬意。她从未高估笔下人物对自身环境的洞悉程度，但故事的结尾却不是典型的自然神学风格，而是有意识地从现代的角度，重新评价 19 世纪在此类问题上的道德矛盾。

是仆人还是工人

在 19 世纪保守的自然神学家看来，蚁穴的秩序是上帝教人们了解自己社会地位的方式。SPCK 的作者颂扬工蚁谦卑而辛勤的劳动，向读者传达的教诲显而易见：人类也该像它们那样工作。"对如此渺小的蚂蚁来说，（工蚁的）这种职责似乎沉重不堪，但通过随处可见的勤劳觅食，它们却耐心地完成了任务。"又如，在谈到刚羽化的蜜蜂不遗余力地逃离自己结茧使用的巢室时，同一位作者引用一部 19 世纪初的著作说："它似乎明白，自己生来就是为了追求群体而非自私的目标，因此，不可避免地，为了它所属的集体的利益，它会献出自己和自己的劳动。"[10] 显然，工蚁除了谦恭地完成分派给自己的任务，再不该奢望任何更重要或更轻松的角色。

在拜厄特的《莫尔芙·尤金尼娅》中，在女家庭教师和亚当森的观察下，工蚁辛勤地劳动着，这必然会让读者想起布雷德里城堡的家仆，他们通过自己不起眼的劳动，支撑起城堡的生活：

> 仆人们总是忙忙碌碌，大部分都沉默寡言。尽管亚当森在自己生活中随时随地都会遇见这些仆人，他们却总是来去匆匆，消失在各自房间的门后，进入（亚当森）从未深入的神秘区域。他们为他放满洗澡水，铺好床，伺候他吃饭，收拾他的餐具。他们拿走他的脏衣服，洗干净后又送回来。他们脑子里总是装满各种迫在眉睫的事务，而这所住宅里的孩子们总是无忧无虑。[11]

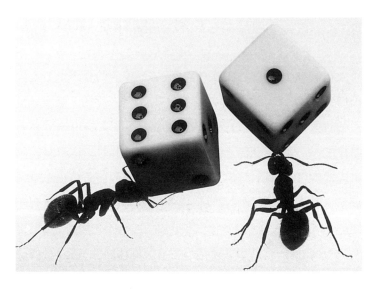

女家庭教师在知性方面屡屡受挫，她令人费解地评论这种传统的道德阐释：

> "也许它们全都对自己的地位心满意足。"克朗普顿小姐评论道。她的语气平淡，平淡得让人无法判断她是否语带讥讽……[12]

不管你喜欢与否，从某些方面看，维多利亚时代的英国社会似乎与蚂蚁社会惊人地相似。

维多利亚时代的道德家们也论述过蚂蚁身上另一个与阶级相关的特征，那就是它们彼此之间的友爱，或者说"互助"。人们观察到蚂蚁互相喂食，互相清理身体，照顾受伤的同伴，据有些人观察，它们甚至还会埋葬和哀悼死者：

> 那些居住在同一个巢穴中的蚂蚁，似乎彼此怀着强烈的友爱和善意……任何群体成员遭遇不幸或困难，都会普遍激起全体蚂蚁的同情，它们会竭尽全力让它恢复生机……当一只蚂蚁搬不动某个重物时，很快就会有另一只蚂蚁过来帮助它，分担部分重负……[13]

无独有偶，慈善家也以同样的方式，鼓励19世纪的工人阶级建立互助会或合作社，用于存储积蓄、支取贷款，以及帮助他们养老。查尔斯·达尔文也在自己位于肯特郡的村庄，为村里的穷人建立了这种组织。所有这些做法都能从蚂蚁和蜜蜂的行为中找到牵强的解释，就仿佛那是大自然提出的建议。

然而，正如我们在蚂蚁和蚂蚱的故事中看到的那样，这种善意有其局限性。如果它过于泛滥，就会鼓励有些蚂蚁成为对蚁穴乏善可陈的依赖者。它们会最终耗尽蚁穴的资源，让其他更有价值、勤劳多产的同胞生活艰难。维多利亚时代的人就以这种方式，理解了所谓的"雄蜂大屠杀"。雄性蜜蜂，也就是雄蜂*，发挥着"蜂巢之父"的功能。除了给蜂后授精，这些"好逸恶劳"的个体在蜂巢内再没有其他明显作用。夏季，人们会观察到它们被工蜂杀死。那位SPCK的作家判断："这种消灭雄蜂的目标，似乎是清除群体中那些游手好闲的成员，它们在蜂巢中没有其他作用，对群体中的其余成员来说是无用的负担。"[14]蜜蜂不愿供养懒惰同伴的现象，自然也出现在人类世界中："在社会上，也能观察到同样（吝啬）的倾向，针对的是那些花钱只顾自己的人。当他们再也无法工作时，别人就不愿给他们好处了……"[15]与此同时，蚂蚁却用更干净利落的方法解决那些多余的雄性。蚂蚁不会把雄蚁一直留在窝里，只把它们养到婚飞阶段，就会让它们飞入夏季的高空中自谋生路。事实上，没有一只雄蚁会在"结婚"后活很久，它们无家可归，无所事事，大多数都被鸟儿吃掉。这是亚当·斯密的放任主义哲学在大自然中的完美体现。

稍后，社会主义作家们将声称，蚂蚁生活中的工蚁品级其实与他们的理想一致，人类应该从自己这些六条腿的近亲中学到集体主义的经验教训。俄国无政府主义者彼得·克鲁泡特金（Peter Kropotkin）就是其中之一。他长篇大论地赞美蚂蚁的社会组织，以及他在蚂蚁中间发现的"互助"现象。克鲁泡特金认为，一个物种中各成员的互助程度，与该物种的进化程度相对应：互助程度越高的动物就越高级，而人类中的无政府主义者则达到了进化的巅峰。对他来说，社会性昆虫是无脊椎动物的最高形态（其实比某些脊椎动物还要高级）。他断定："蚂蚁和白蚁放弃了'霍布斯式的战争'*，它们因此而比其他动物更加优越。"[16]

关于蚂蚁，奥古斯特·福勒尔（见第二章）是这方面最重要的社会主义作家之一，他是一位瑞士精神病学家和热心的蚂蚁研究者。在他看来，工蚁是蚁穴中最重要的成员，比所谓的"蚁后"更有理由获得王者的尊崇地位。福勒尔写道："蚂蚁教人（他）明白了什么是工作，以及群体生活的意义。"[17] 蚂蚁表现出缺乏个人主义的倾向，人类应该对此加以效仿。福勒尔认为，人类通过倡导义务性社会劳动的教育，就能实现蚂蚁那种具有道德优越性的社会。这种受到工蚁启发的社会劳动会带来社会主义的自由：

* 托马斯·霍布斯是 17 世纪的英国哲学家，著有《利维坦》一书，为西方现代政治哲学奠定了基础。"霍布斯式的战争"一说即出自该书，指那种争夺私利、不择手段的野蛮战争。

> 作为教育的基础，如果（义务性的社会劳动）从童年时代起就与每个人的天赋很好地协调起来，也就不会变成现在的反动……资本家……描述的苦工，而会变成……有益的劳动，让人们在今后的生活中无法割舍。[18]

福勒尔观察到，互哺过程是一种对工蚁至关重要的行为。他通过熟练地解剖蚂蚁，发现它们拥有两个胃：一个是用于消化的普通胃，还有一个是位于消化道上部的嗉囊，这里可以储存食物，以便反刍给饥饿的同窝同伴吃。福勒尔把这个器官命名为"社会胃"，因为整个群体都可分享里面的食物。一只饥肠辘辘的蚂蚁会走到同伴身边，友好地摆动触角，刺激那只吃饱喝足的工蚁献出部分储存的食物。如果仅给一只工蚁饲喂加有蓝色颜料的糖溶液，很快整窝的蚂蚁都会获得那种标志性的色彩，表明互哺行为在群体中是多么广泛。虽然互哺在整个蚂蚁世界普遍存在，但腹部鼓胀如气球的蜜蚁（见第一章）却是这一现象中的极端例子。福勒尔对这种分享行为的印象极其深刻，因此把它视为描绘蚂蚁共产主义乌托邦的关键形象，在他的主要著作《蚂蚁群居社会与人类之比较》（法语版最初出版于 1921—1922 年）中，还把这用作扉页插图，并给它配上一个社会主义的标题——"劳动征服一切"（*Labor Omnia Vincit*）。福勒尔针对不适应社会环境的人，创办了一个具有再教育性质的精神病治疗方案，目的就是为了给他们的大脑灌输群体思想，随后让这个器官发挥类似于蚂蚁社会胃的功能。对于蚂蚁身上揭示的自然寓意，福勒尔是这样理解的："作为人类的本性，掠夺性、自私性和伪善或许是得自遗传，但通过从小到大进行社会教育就能受到抑制。我在这方面的理解应首先归功于……蚂蚁研究。"[19]

福勒尔的乌托邦在蚂蚁身上的体现——"劳动征服一切"。

是女王还是母亲

蚁后是蚁穴里另一个受到质疑的模范，它具有特殊的文化历史。在 18 世纪之前，人们更喜欢拿蜜蜂跟人类做比较，并把蜂巢里个头最大的居民当作雄性的"蜂王"。[20] 到了 18 世纪，当人们发现"他"居然会产卵时，才重新把它命名为"蜂后"。人类对蚂蚁的认识也经历了同样的过程。如今人们已经知道它们的领袖并非雄性，而以前认为其权威具有积极本质的设想也开始逐渐改变。把雌性视为掌权者让人不太好理解，但古尔德牧师仍然赞许地评价"（蚂蚁臣民）对其蚁后表现出的顺从"。就在法国革命之后，学术界进一步贬低了蚁后的地位。[21]

到 19 世纪后半叶，有些作家完全摒弃"蚁后"一词，发现用它描述创立巢穴的雌蚁并不合适。冯·布鲁塞尔，即《老桃树上的居民》（见第二章）的作者，就是其中之一。在该书中有关蚂蚁的那两章里，他压根就不提"蚁后"，只提到"雌性"和"母亲"。

> 若从内部视角看待蚁群的事务，其中最令人吃惊的事实，就是涉及蚁后母亲的各种关系。作为蚁后，除了其独立职业生涯的最初几个阶段，她的地位一直有些稀奇古怪。她是蚁群的母亲，对她自身及其同伴来说，这一点都是无法更改的事实。身为母亲，她注定会成为一个新蚁群的创立者。[22]

在描述蚁后时，把蚁穴的核心角色视为一位母亲，这就改变了其中包含的道德意味。

这些道德意味的一个方面涉及"婚飞"。每年夏天的某个日子，具有繁殖力的雄蚁和雌蚁都会一涌而出，飞入空中交配。受精的雌性返回地面，蜕去翅膀，开始创立自己的蚁群。古尔德对这一过程感到惊讶，在他那本1747年的书中总结道：

> ……对其他昆虫来说……蜕落的翅膀是顶级装饰品……对蚂蚁则不然，大腹便便的飞蚁反而会失之东隅，收之桑榆，随后升入王位，放弃这些外在的装饰品，对君主来说，翅膀是过于轻浮的象征。[23]

在19世纪末的作家们看来，蚁后蜕去翅膀，象征着女人放弃卖弄风情，转变为母亲，承担起身为母亲的严肃职责。

> 我们的蚂蚁获得自由，开心地在空中漫游。第一次参加舞会的年轻姑娘，不也是觉得自己进入了轻飘飘的诗意王国？昆虫虽然渺小，却也像她那样，为心驰神往的夏季而梳妆打扮，她希望了解这些虫子身上随后发生的变化吗？……每只蚂蚁都在寻找爱侣，于是，在大自然的和谐气氛中，它们终于在蓝天下一束炫目的阳光里相遇。随后，它们将停止轻盈迅捷的飞翔，抖落今后不再有用的翅膀。除了用来飞离幸福，翅膀还能有什么用处呢？作为新娘，作为妻子，作为母亲，它们绝不能继续沉溺于幻想了！这就是我们的蚂蚁的想法！[24]

在定居下来成为母亲之前，蚁后身披薄纱似的翅膀，享受短暂的优雅浪漫时光。插图来自奥古斯特·福勒尔的《蚂蚁群居社会与人类之比较》。

在《莫尔芙·尤金尼娅》中，阿拉巴斯特夫人无疑是布雷德里城堡的女王。就像蚁后一样，她唯一的工作就是繁殖。就此而言，"女王"一词用在她身上并不恰切，因为，在自己的"巢穴"中，阿拉巴斯特夫人根本就不掌握实权。然而蚁后作为繁殖力之源，却是蚁穴得以存在的理由，它躺在蚁穴正中央，享受着工蚁无微不至的宠爱关怀：

> 阿拉巴斯特夫人成天待在一间小起居室内……一天中大部分时间里，她都在喝饮料——茶、柠檬水、果味酒、巧克力牛奶、大麦汤、草药汁，客厅侍女用银盘子端着它们，顺着走廊川流不息地送过来……她胖得出奇，除了特殊场合，从不穿紧身内衣，而是穿着某种宽松、闪亮的茶会女袍，裹着开司米披肩，头戴一顶蕾丝女帽，帽绳系在重重叠叠的下巴下面，她躺在那里……有时，她的贴身侍女米里亚姆会坐在她身边，梳理她仍有光泽的头发，灵巧的手里捧着头发，用镶着象牙的梳子，节奏分明地反复梳理，每次梳半个小时。阿拉巴斯特夫人说，梳头可缓解她的头痛。

就连阿拉巴斯特夫人的身体也跟女家庭教师研究的蚁后非常相似："臃肿而光滑……脆弱……苍白。"[25]

19世纪末20世纪初，对欧洲人和欧裔美洲人来说，妇德母仪成为迫在眉睫的重要问题。他们担心人们会退化，变得懒惰，在进化方面出现后退。英国中上层阶级担心穷人的繁殖率超过他们，美国人担心来自其他种族的移民繁殖率会超过他们。这些担忧者认为，恪尽职守的母亲会拯救这一切。在英国，玛丽·斯托普斯（Marie Stopes）鼓励贫困妇女节育，而对那些理想的繁育群体，则提供家庭津贴以鼓励生育。同样，蚂蚁也为这种措施提供了样本。在蚁穴中，繁殖受到合理控制，负责繁殖的母亲和一丝不苟的看护蚁各司其职。

在这方面，奥古斯特·福勒尔也是最重要的作家之一。在对酗酒者和精神病人的治疗过程中，福勒尔确信社会陷入了危险境地，父母通过遗传和教育，将自己的缺点传递给孩子，因此，人类从蚂蚁身上学习母性就至关重要。在认识到这些事实后，他将自己的家宅命名为"蚁府"（La Fourmilière），并用一些令人联想起蚁后兼母亲的古怪词汇描述他的妻子爱玛，她为了这个"窝"的利益而施加广泛、模糊的影响力，但又不会真正地发号施令："从她谦逊平和得几乎难以察觉的行动中，她向我

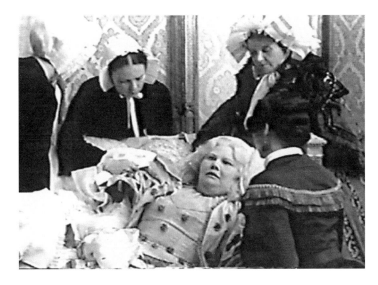

在电影《天使与昆虫》(Angels and Insects，1995）中，阿拉巴斯特夫人是布雷德里城堡"巢穴"中的女王，那些如同工蚁一般的仆人正在照料她。

们的病人……我们的孩子，以及整个精神病院的工作人员……
散发出知性的仁慈之光……难怪她被称为'小妈妈'。"[26]

就连一位女性蚁学家也将注意力集中在蚂蚁的母性上面。
阿黛尔·M.菲尔德（Adele M. Fielde）曾经是传教士，后来转
向科学。她认为，要保持蚁穴——或家庭——以及种族的质
量，母亲的角色举足轻重。在蚁穴中，看护蚁发挥照顾幼虫
的功能，这样的劳动分工也证明，她自己跨越了19世纪和20
世纪的生活是正当的。就像福勒尔一样，菲尔德也觉得，在
女性向社会提供的服务中，恪尽职守的母德最为珍贵。但她
在未婚夫死后终生未婚，也没有孩子。不过，正如她在演讲
和著述中解释的那样，她感觉自己那些年的生活很有价值，
作为教育家，她履行了母亲的部分职责，这正是蚁群中移交
给看护蚁的任务。用蚁穴的术语说，她是一位代理"母亲"。

奥古斯特·福勒尔
的家宅"蚁府"，约
1900年。

Yvorne — La Fourmilière

终极模范

对 20 世纪的一些作家来说，蚂蚁社会的组织显得如此完美、理性，在母性方面尤其如此。因此，他们得出结论：蚂蚁在实行优生学。此类作家也倾向于认为，人类最好向大自然学习这方面的经验教训。1925 年，德国小说家兼游记作家汉斯·海因茨·尤尔斯（Hans Heinz Ewers）出版了一本有关蚂蚁的书，他在书中指出：

> ……受伤严重的个体很少获得照料，那些奄奄一息的蚂蚁被逐出蚁穴。同样，斯巴达人也曾把患病或残疾的儿童扔到嶙峋的泰格特斯山上。在我看来，放弃病入膏肓的患者或不可救药的疯人，让他们快快死去，这比我们人类那样尽可能延长其痛苦的做法更为人道。对于普遍的人类利益来说，这种情感更加合理。[27]

尤尔斯接下来对蚂蚁生活的描述，听起来特别像对健康的雅利安青年提出的忠告：他强调蚂蚁对新鲜空气的重视——蚁穴里的通风井，干净清洁的环境，以及健康而激烈的锻炼，如"拳击比赛和摔跤比赛"，都证明了这一点。（尤尔斯没有详细说明的是，按照公平竞争的原则，这些六条腿的参赛者在比赛中应该使用几条腿。）这就是德国对蚂蚁社会的尊重，它也是唯一立法保护蚂蚁的国家，禁止人们采集"蚁卵"（其实是蚁蛹）。[28] 之所以这样做，是因为德国把蚂蚁视为有益于森林群落的一分子。所谓的森林卫生学是德国科学的重要领域，它有点像生态学，其得以确立的基础观念涉及德国特有的原生栖息地。因此，正如蚂蚁社会为人类社会的组织树立了典范，同样，原生的蚂蚁也参与维护正宗的德国风景。人类优生学和蚂蚁优生学之间的联系，则更加深奥也更为黑暗。应用于这两个群体身上的不仅仅是言辞和比喻，而且也有实际的控制手段。昆虫学家卡尔·埃舍里希（Karl Escherich）负责研制出用毒气对付"害虫"白蚁的方法，众所周知，白蚁是蚂蚁的敌人，也是德国原生树木的破坏者。不久后，这同样的手段、同样的毒气，也将被用来清除纳粹所谓的人类"害虫"。[29]

外
敌

Chapter Four   The Enemy Without

从《圣经》时代起，大群入侵的昆虫就让人类感到特别恐怖。除了对经济的破坏性影响之外，它们野蛮的进攻方式，不计其数的庞大数量，以及它们坚不可摧、缺乏个体特征的群体本质——碾碎一个，就会有十个爬上来继续劫掠——都令人感到特别厌恶。对有些神经质的人来说，昆虫怪异的身体形状十分可怖，它们的身体外面是坚硬的外壳，而里面却是黏糊糊的肉浆。

　　到 19 世纪末，蚂蚁不再仅仅是供人类效仿的模范，人们开始揭示出它们不太友好的侧面，而这些都跟它们那种产生于群集特性、令人苦恼的古老形象有关。蚂蚁大军作为外来怪物而入侵人类，这种故事就算没有几百年的历史，至少也存在了几十年。如今，这类故事变得更加引人注目。有关非洲和南美洲"行军蚁"的记载绘声绘色，把它们描写成残酷无情的入侵者，能将路上碰到的所有动物生吞活剥。

昆虫的威胁

霍华德所著《昆虫的威胁》一书扉页。

《昆虫的威胁》（*The Insect Menace*）出版于 1931 年，作者是大名鼎鼎的利兰·奥西恩·霍华德（Leland Ossian Howard）。在美国，霍华德当时在一类新兴科学家中名列前茅，他们就是职业的昆虫学家。这样的昆虫学家将他（偶尔也有女性）的知识用于解决有害昆虫导致的农业问题。美国内战之后，各方面的利害关系促成了这一职业的兴起。资本家寻求以省心省力的办法种植单一商品作物，流动的农夫试图把来自欧洲和美国东海岸的作物移植到西部，联邦政府为安抚鞭长莫及的各州而忧心，雄心勃勃的年轻科学家们则渴望仿效德国的研究典范。在经历过一番艰难困苦与伤心绝望后，这些团体同心协力，终于成功地构筑起适合职业昆虫学家的专业小环境。[1] 霍华德的书就彰显了第一代和第二代昆虫学家的成就，也宣扬了这一事业所具有的持久重要性。

在这部著作以及其他书籍、小册子和演讲中，霍华德敦促读者或听众不要低估了昆虫构成的威胁。他跟那些与他相似的昆虫学家有大量的图表和例子证明自己的观点。特别值得一提的是，他们还利用统计数据，列举那些跟人类对立的昆虫数量之庞大，以此折磨和控制读者。例如，就在 19 世纪末，蝗虫是一种严重的农业灾害，曾肆虐于阿尔及利亚、叙利亚、南非和美国。1928 年，一群攻击肯尼亚的蝗虫有 60 英里长，3 英里宽（约合 96.6 千米长，4.8 千米宽）。[2] 据一位昆虫学家计算，如果蝗群的厚度为 50 只，那么其个体总数就达到 5 000 亿。再比如说，据估计，如果一对家蝇不受限制地繁殖一个季节，那么它们将产下 55 987.2 亿只后代。有趣的是，虽然有人认为微小昆虫带给人的愉悦让这个世界感到安全，但这些作家描述昆虫时，却往往用其放大图片来吓唬观看者。

霍华德甚至将一张恐龙的图片放在《昆虫的威胁》卷首，把它称为"昔日的魔鬼"，目的显然是暗示人们不应该把昆虫视为迷人的收藏品，而应该将其整体视为"当前的魔鬼"——步步紧逼的一股庞大的自然力量。在此类迷你魔鬼中，"蚁狮"是一个更古老的的典型。"蚁狮"（实际是蜻蜓的幼虫）* 隐藏在漏斗状的泥沙里面，准备用这个陷阱捕捉粗心大意的昆虫。令人困惑的是，一些作者将蚁狮描绘成猎捕蚂蚁的"狮子"，而另一些作者则想象它们是蚂蚁，在捕猎时猛如雄狮。

20 世纪初，蚂蚁是否也属于"具有威胁性的昆虫"？那还用说，它们的个体数量难以计数（每窝有 200 万只甚至更

（右页图）正如这幅 1870 年的版画所示，群集的蝗虫象征了"昆虫的威胁"，令人信服。

* 此处英文原文有误，蚁狮其实是脉翅目蚁蛉科昆虫的幼虫，而蜻蜓跟豆娘一起，属于蜻蜓目，其幼虫被称为水虿。蚁蛉成虫的外形与蜻蜓非常相似，看起来就像长着长长触角的蜻蜓。

A monster of the past: *Monoclonius*, a horned dinosaur of the Upper Cretaceous. (Original painted by Charles R. Knight under the direction of Henry Fairfield Osborn; photograph from the American Museum of Natural History.)

"昔日的魔鬼"被用作视觉比喻，以衬托各种昆虫带来的威胁，后者共同构成了"当前的魔鬼"。

蚁狮的窝，图片出自奥古斯特·约翰·勒泽尔·冯·罗森霍夫（Auguste Johann Rösel von Rosenhof）的《昆虫娱乐月刊》（Der monathlich-herausgegebenen insecten-Belustigung，纽伦堡，1746—1761）。

多），因此有人将它们与其他昆虫家族的无数威胁联系起来。第一章描写的行军蚁似乎也符合这种形象。它们成群结队，四处打劫，在大地和人类住宅中搜索任何活物，吃得一干二净之后再继续向前移动。但人类并不一定认为这种行动可怖，在自然神学著作《动物世界的训诫》中，作者声称："（蚂蚁）在自然界的功能似乎是清除死亡和腐败的物质，这原本是令人作呕的行为，但对健康极其重要，在温暖的气候中尤其如此。"[3] 接下来，他在书中记录了特立尼达（Trinidad）岛上一

行军蚁（此为队列细颚猛蚁属，*Leptogenys processionalis gp.*）表现出类似游牧部落的行为，在行进中将蛹从一个地方搬到另一个地方。

位卡迈克尔太太讲述的故事：有天早上，当她正和家人坐下来吃早餐时，一队"蚂蚁轻骑兵"前来造访，易如反掌地扫除了她房子里的"各种害虫"。20世纪，德国昆虫学家卡尔·埃舍里希提出对蚂蚁的这种行为加以利用，通过消除热带植物上的有害动物来保护植物。[4]

不过，总体而言，后来的探险者和殖民者都无法像卡迈克尔太太那样，对这种现象满不在乎。T. S. 萨维奇（T. S. Savage）是从北美洲来到非洲的医务传教士。在这里，他被当地的野生生物吸引，发表了几篇相关的论文，其中有两篇涉及蚂蚁。它们组织有序的狩猎方式则让他感到最为惊奇。蚂蚁聚集成群，然后排列成浩浩荡荡的队伍，出发去猎杀各种野生动物和牲畜。在它们小小的恐怖行动中，甚至平常令人生畏的动物也会沦为猎物：它们会攻击吃饱了肚子因而行动迟缓的蟒蛇，将它完全分割成碎片。蟒蛇的缠绕虽然威猛，但要对付这些小小的敌人，却根本无济于事。

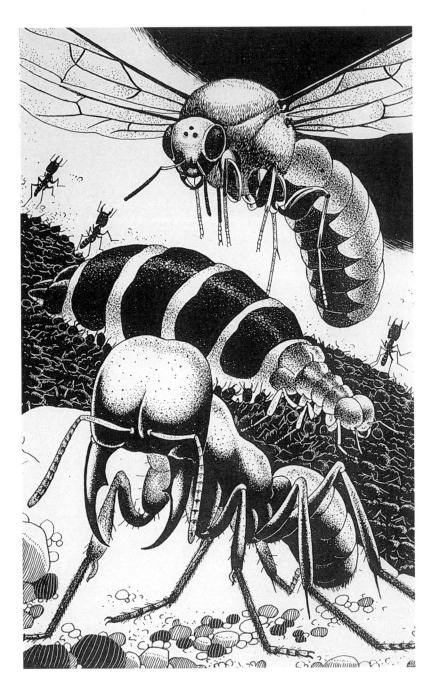

1863 年，英国博物学家 H. W. 贝茨（H. W. Bates）在南美洲发现了习性相似的物种。"所有身体柔软、行动迟缓的昆虫，都会成为它们唾手可得的猎物，"他指出，"它们将那些受害者撕成碎片，以便搬运。"[5] 托马斯·贝尔特（Thomas Belt）从英国到尼加拉瓜做地质勘探，发现了某种被尼加拉瓜人称为"军蚁"的昆虫。根据贝尔特在 1874 年的记录，它们拥有该属蚁蚁所共有的军事组织，且效率高得要命。[6]1905 年，一个名叫 J. 福塞勒（J. Vosseler）的德国人描述了一个可怕的蚁蚁族群，被当地西非人称为 Siafu。[7]20 世纪 30 年代初，美国蚁学家威廉·曼（William Mann）在玻利维亚发现一种拥有毒液的蜇人蚁蚁，"长度超过 2.5 厘米，具有强烈的敌对倾向，对于它们庞大的个头来说，这并非必要"。这种蚁蚁在当地被称为 buni，有时"真的会把光着脚的原住民从他们的玉米田里赶走"[8]。巴西生活着一种学名华丽丽的蚁蚁 *Dinoponera grandis*，拉丁文字面意思是"可怕的大蚁蚁"，当地人称之为 tucandero。

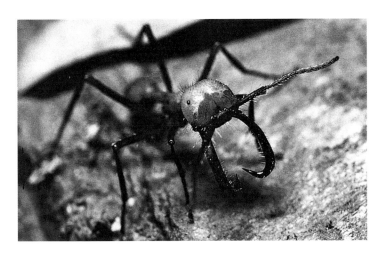

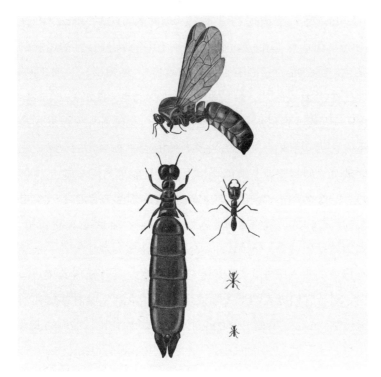

西非驱逐蚁（siafu ant）是给欧洲探险者和科学家带来恐怖的根源之一。图中描绘了不同品级的蚂蚁的相对大小，包括一只大个儿的有翅雄蚁、肥胖的蚁后和三只不同品级的工蚁，都带有锐利的大颚。

  汉斯·海因茨·尤尔斯显然是蚂蚁优生学的倡导者，关于这些捕猎性的蚂蚁，他有大量论述，为了那些外行的受众，他甚至改写了已被广泛接受的分类体系。他描述性地命名了5个蚂蚁群体，其中4个涉及它们无害的特征，如"长颈蚂蚁"，但他将第五个命名为"蜇刺蚂蚁，又名邪恶蚂蚁"。尤尔斯著作的翻译为之所动，用纯粹挑衅性的遣词描述这个德国人的蚂蚁研究："他曾经与得克萨斯的火蚁战斗……直面墨西哥的流浪蚂蚁，并且被澳大利亚的斗牛犬蚁叮咬。"尤尔斯写道："蚂蚁大军所到之处，它都会传播恐怖。"[9] 说到这里，他或许想起了自己在澳大利亚的那次遭遇：一只蚂蚁顺着他的裤管往上爬。

尤尔斯与墨西哥的"吉普赛蚂蚁"有一段特别不愉快的经历。他喝了一些当地产的龙舌兰酒，醉醺醺地，他梦见自己"在汉口碰到的一个歌女"，于是坐下来给她写一首十四行诗，尽管她"当然一个字都看不懂"。让现代读者感到愉快的是，尤尔斯的帝国主义幻梦被一阵"隐隐约约的吱吱声"打断。他跳起来，看到地上有块移动的黑地毯。他最终意识到，那个吱吱声来自碗柜后面，那里隐藏着"一个耗子洞和耗子窝，里面住着耗子妈妈和她的耗子宝宝（它们常常'吱吱叽叽'地尖叫，仿佛在说'给我们带点好吃的来吧！'）"。对随后发生的事情，尤尔斯的描述特别令人惊悚：

> 它是个漂亮、可爱的主妇妈妈。现在它正被活活地吃掉，它和它那些光溜溜的耗子宝宝……如果那些耗子真的死掉该多好，我想，但它们仍在吱吱叽叽，吱吱叽叽，叫得比以前更疯狂，更激烈，更绝望……[10]

卡迈克尔太太属于已经逝去的那个年代，是用更坚强的材料造就的。她无疑会再倒一杯茶，慢慢啜饮着，告诉尤尔斯想想蚂蚁清除鼠害是多么有利于健康。接下来，蚂蚁们把矛头指向尤尔斯。当它们朝他"一拥而上……倾泻而来"时，他踏进一大罐水里，就这样待了一整夜，轻轻摇摆身体，直到蚂蚁离开。其他作者也建议人们在万不得已时用这种办法避开蚂蚁；还有一种普遍的预防手段，是在睡觉之前把床腿浸泡在盛有醋或煤油的容器中。

一个与尤尔斯同时代的人推测落得耗子妈妈的下场会是什么滋味，并用绘声绘色的词语描绘如下：

> 被西非驱逐蚁叮咬致死，在人类的想象中，那一定是最残酷的折磨之一……这些蚂蚁会倾向于首先攻击眼睛、鼻子等分泌黏液的脆弱部位，然后它们总会立刻发现皮肤最敏感的部分。出于本能，它们会在猎物伤口处移动长有锯齿的尖利大颚，让它们的叮咬更加疼痛。[11]

据福塞勒所言，即使受害者获救，也会死于蚂蚁蜇咬造成的伤口："我认为，如果西非驱逐蚁无法立刻将受害者肢解成碎片，它们就会舔舐其血液。如果失血过猛，或者被叮咬的皮肤创面太大，受害者就无法挽救。"[12]

最令人无法容忍的是，行军蚁不仅将人们赶出家门，它们还发现，在自己的掠夺之旅中，人类的大道和小径构成了理想的路线。福塞勒和萨维奇都指出，这种现象经常发生，因此迫使人们远离自己的道路。

尽管如此，蚂蚁并不一定属于"威胁性昆虫"。它们没有多么重要的经济意义。蚂蚁的行动有时固然可怕，可它们不会破坏庄稼，它们吃掉的东西也不会超过它们偶尔装满的食品储藏库。然而，它们的威胁受到完全不成比例的夸大。出于文化上的一些偶然因素，它们被等同于有害昆虫，也就是霍华德及其同行对抗的那些对经济产生重要影响的群体。

殖民地里的蚁群

行军蚁被当作威胁的原因，就在于它们生活的地点：殖民地。在这里，它们跟其他咬噬和纠缠殖民者的昆虫被归入一类。这些昆虫破坏他们的庄稼，损耗他们的劳动力，并带来疾病。最有趣的是，殖民者之所以觉得这些异国蚂蚁具有奇怪的危险性，是因为他们以为行军蚁与其"野蛮的"人类同胞是同类。

行军蚁的各种特征表明，它们是种低级、野蛮的蚂蚁。首先，它们的螫针与蚂蚁的原始祖先胡蜂相似；其次，这个族群的蚂蚁没有表现出第三章中让福勒尔如此难忘的交哺现象；此外，它们是纯粹的食肉动物，对自己的后代漠不关心，幼虫结茧后，成虫不会帮助它们破茧羽化。如果羽化失败，它们就会死掉，然后被扔到外面的垃圾堆里。行军蚁的社会化程度不够彻底，不像其他蚂蚁那么无私。总体而言，它们就是不够高级。在欧洲没有发现行军蚁，它们与旧大陆更"文明化"的蚂蚁形成鲜明对比。欧洲蚂蚁有固定的居所，不是游牧民族；它们已经全面社会化，而且往往是素食者——有些甚至从事"农业"，或者利用蚜虫搞"畜牧业"。约翰·卢伯克（John Lubbock，即后来的埃夫伯里勋爵）是维多利亚时代的一位自由派政治家，他直截了当地用人类社会的"进步"阶段跟蚂蚁做对比。蚂蚁就像人类一样循着进化层级上升，从狩猎过渡到农耕，最终达到畜牧阶段。

所有这一切都跟一种固执的文化假设相符，即爱好和平是"高度进化"的种族或文化的标志。野蛮人靠拳头解决的问题，绅士尤其是淑女却靠妥协和克制解决。因此，那些异国他乡的蚂蚁，如西非的驱逐蚁，跟当地原住民表现出奇异的相似性。福勒尔写道：

> 如果某些黑人打算向敌人报仇，他们就会把他埋在齐脖深的土里……目的是观看他被西非驱逐蚁叮咬，望着蚂蚁一寸寸地啃咬他的头部，将他慢慢杀死，他们享受由此带来的野蛮乐趣……考虑到黑人和军团蚁（*Anomma*）*的心态，这就更有可能了。[13]

就仿佛这些讨厌的昆虫在帮助它们的同胞，保护非洲不受殖民者侵犯。1909年，英国殖民地事务大臣接到一份备忘录，里面清清楚楚地写着：

> 虽然非洲其实就在欧洲的脚下，但直到最近，这里几乎完全封闭。可以毫不夸张地说，个中原因就在于……那里有导致疾病和死亡的昆虫和虱子存在。[14]

这也是一种涉及个头大小的有趣形象。整个非洲，不管是人类还是昆虫，都同样被矮化，被置于欧洲脚下，但在这里，被贬低的敌人无法让欧洲人感到安慰。恰恰相反，它让人想起阿喀琉斯的脚踵。就在同一年，当大英帝国农业部的首席昆虫学家耐着性子待在印度时，他也产生了同样不安的想法："如果火蚁们联合起来，或许就能够将人类赶出印度……要对付它们，人类的作战手段需要革新。"[15]

* 蚂蚁的一个属，其中包括西非驱逐蚁，现已归入行军蚁属（*Dorylus*）。

欧洲人害怕野蛮的昆虫和人类串通一气，这属于包罗范围更为广泛的退化之忧。历史学家详细地记录了这种忧虑，其中包括种种预测，如太阳行将衰亡，文明的舒适安逸将导致人类进化开倒车，工人阶级将比其他阶级繁殖更快，白人无法在热带生存。这一切都促使人们产生可怕的感觉：万事万物都将在进入 20 世纪时衰落。

在 H.G. 韦尔斯的小说《登月先锋》（*First Men in the Moon*, 1901）中，主人公们发现了一种类似蚂蚁的月中居民。"是昆虫，"查沃尔低声说道，"就是昆虫！"

H. G. 韦尔斯（H. G. Wells）就是在这个阶段达到了创作巅峰，他对蚂蚁之类生物的威胁有点着迷，并利用它们来表现当时有关人类退化的威胁。帕特里克·帕伦达（Patrick Parrinder）指出，我们经常把小绿人与科幻小说联系起来，而韦尔斯笔下的怪物跟它们毫无相似之处。[16] 相反，在他笔下，威胁人类的是一些类似于甲壳纲动物和昆虫的生物：在《时光机器》（*The Time Machine*）中，走向覆灭的世界被巨型螃蟹霸占了沙滩；在《地球争霸战》（*War of the Worlds*）中，类人猿似的外星人在地球上潜行，而《登月先锋》里的月中居民显然是模仿蚂蚁。不过，只有在短篇小说《蚂蚁帝国》（*Empire of the Ants*，1905）中，韦尔斯才探索了最具时代性的话题：因昆虫外形引发的有关人类退化的忧虑。

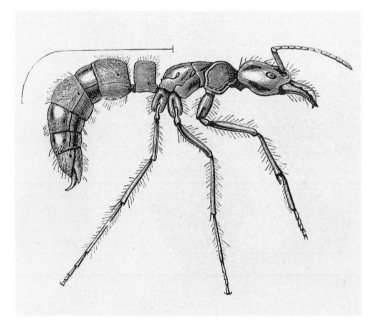

H.G. 韦尔斯在《蚂蚁帝国》中描述的物种，很可能就是以这幅 1899 年的插图为基础创造出来的。图中描绘了恐猛蚁属（*Dinoponera grandis*，现归南方恐猛蚁属）的大型蚂蚁的工蚁，其实际体长约为 26 毫米。

故事围绕英国轮机员霍尔罗伊德展开，他被招募到一艘葡萄牙轮船上，后者的使命是去调查巨型蚂蚁损毁一个南美洲殖民地的事情。尽管跟其他蚂蚁相比，它们的个头很大，但对人类的枪炮来说仍然太小，小得能够像尤尔斯笔下的"黑地毯"那样云集、涌动。那种蚂蚁似乎进化得比普通蚂蚁更聪明。那艘船上的葡萄牙船长其实非常无能，他派遣海军上尉到一艘被蚂蚁侵扰、尸体横陈的船上去送死。他还徒劳无益地朝蚂蚁队列开炮，而它们却像无数黑色的小水滴一样散开，然后重新聚拢。无怪乎这次任务以失败告终。这艘船掉转船头，仓皇地逃之夭夭，留下那些蚂蚁成为这片大陆上的新统治者。

来自 H.G. 韦尔斯小说《蚂蚁帝国》的插图，描绘船员为是否登上一艘被蚂蚁侵扰的船只而争吵。

这个短篇小说的感染力来自其题目。故事超越了幻想，注入了当代有关欧洲各帝国能否持久的担忧。这些土地距伦敦、巴黎和马德里如此遥远，它们究竟属于谁？"在这座森林周边几英里范围内，蚂蚁数量肯定比全世界的人还多！"霍尔罗伊德想到——

> 人类从蒙昧状态进入文明阶段不过才几千年，他们就觉得自己是未来的主人，地球的主宰！可是有什么能阻止蚂蚁也这样快速进化呢？……假设蚂蚁现在就开始……使用武器，组建强大的帝国，发动有计划、有组织的战争，结果会怎样？[17]

布尔战争表明，预示着意外凶险之兆的文明不是来自蚂蚁，而是来自人类。假如被殖民的人民将自己组织起来，通过以前认为不可能的方式抵抗殖民者，那该怎么办？在那些充满敌意的地区，假如所有本土人类和动物联合起来，赶走殖民者，那该怎么办？突然之间，在霍尔罗伊德看来，真正渺小如蚂蚁的不是别人，正是这些殖民者。

对于进步的局限性和欧洲优越地位的脆弱性，西方深感焦虑，韦尔斯忍不住将这种焦虑发展到极致。小说的叙述者——这个故事是他听霍尔罗伊德讲的——得出结论：

> 为什么（这些蚂蚁）就该止步于热带的南美洲？如果到1911年或其前后，它们继续像现在这样推进，那么它们就会抵达（巴西的）卡普阿若纳铁路延长线

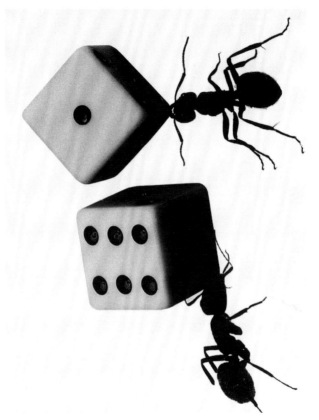

ANT

Charlotte Sleigh

（Capuarana Extension Railway），迫使欧洲资本家注意它们。到1920年，它们将朝亚马逊方向推进到中途。我确信它们最晚在20世纪50年代或60年代发现欧洲。[18]

《蚂蚁帝国》的电影海报（1977）。这部电影大体上以H.G.韦尔斯的小说为蓝本，由琼·柯林斯（Joan Collins）主演那个不择手段的女房地产推销员，巨型蚂蚁则是产生于有毒废气的变异。

战场上的敌人

　　我们仍然对韦尔斯笔下那些不计其数的蚂蚁心存恐惧，尽管它们并不总是以殖民地蚂蚁的形式出现。众所周知，蚂蚁会彼此交战，在人类发生冲突的时期，这一事实让它们显得特别狂躁。就像英国殖民地事务大臣及其心目中被踩在欧洲脚下的非洲昆虫形象一样，许多作战者发现，昆虫的微观世界并不是内心深处令人安慰的景象，恰恰相反，它们令人不快地展示了战争的细节。在第一次世界大战期间，战场上的累累尸骨爬满昆虫，而蚂蚁作为昆虫的一种，便代表了所有预示着毁灭的力量。在休·沃波尔（Hugh Walpole）的小说《黑森林》（*The Dark Forest*）中，叙述者碰到一具德国人的尸体，注意到"它的脸已经变成一个龇牙咧嘴的骷髅，一些像是蚂蚁的黑色小动物，正从它的嘴巴和眼窝里爬进爬出"[19]。

　　第二次世界大战中，有个士兵在意大利参加了一场悲惨的战役，在火力强大的炮击下，他发现，观看蚂蚁打架，会令人压抑地联想起霍布斯式人人彼此为敌的战争：

　　　　在爆炸的间隙，我能听见一只云雀的歌唱。它让战争显得前所未有地愚蠢。人类总是破坏大自然，我正想着这个，突然看见战壕凸缘上的两只蚂蚁。个头大的那只蚂蚁抓住另一只，拖着它沿着凸缘前进……个头小的那只蚂蚁跳起来，恢复活力，转而扼住对方的脖子……这种进攻与反击的模式一再重复，小个儿的蚂蚁节节败退，在最后一个回合的拉锯战之后，便

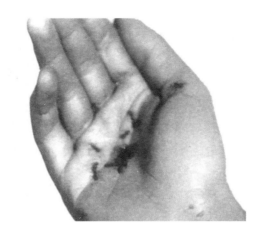

在电影《安德鲁之犬》（*Un Chien Andalou*，1929）中，萨尔瓦多·达利那恐怖得令人难忘的蚂蚁，是死亡与毁灭的象征。

一动不动地躺下了……我认定，利用远程炮火对决自有其道理。[20]

斯派克·米利根（Spike Milligan）的二战回忆录显示，在他服兵役期间，蚂蚁的出现也给他留下深刻印象。他叙述了自己观察蚂蚁处理它们的受害者时，他和战友之间的对话：

我正在观察一些蚂蚁搬运一只死蚂蚱——"你在干吗？"埃金顿右手紧握着一个茶杯问道。

"观察蚂蚁。"

"我想知道是什么杀死了它。"埃金顿说着，蹲下身子。

"可能是因为它的心脏。"

"要等验了尸才知道。"

"那就来不及了，因为它的心脏，验尸会要了它的命。"

在马尔坎托尼奥·雷蒙迪（Marcantonio Rai-mondi）的《拉斐尔之梦》（Dream of Raphael，约1507—1508）中，一只阳具形的蚂蚁正在靠近两个裸体人物，它或许也是毁灭的象征。根据阿特米德罗斯（Artemidorus）的解梦手册（1518年在威尼斯翻译出版），有翅蚂蚁是恶兆（蚂蚁"如果在身体周围爬……就预示着死亡，因为它们是大地的儿子，冰冷而漆黑"）。

我用树枝激怒了一只斗牛犬蚁。

"别让它抓住树枝，伙计，"埃金顿说，"否则它会把你咬个屁滚尿流。"[21]

在百无聊赖中，米利根的部队把蚂蚁描述成自己的敌人。通过矮化敌人，他们试图像童年时代的福勒尔那样，控制自己的恐惧。然而，在这里，他们却只是成功地突出了自己眼中整场冲突的荒谬性。正如书中描述的另一种战斗者留下了更加令人不快的印象，米利根笔下那种意象的超现实主义，也让人想起达利的蚂蚁*，那些象征着毁灭的可怕动物，在不断融化的钟面和其他形体上爬动。

与此同时，当作家 T. H. 怀特（T. H. White）在 1940 年撰写《梅林之书》（The Book of Merlyn，1977）时，他正忙着将法西斯的威胁缩小到蚂蚁大小。年轻的亚瑟王卧病在床，十分无聊，把一个玩具蚁穴当作唯一的消遣。他恳求梅林将他变成蚂蚁（就

* 指达利画作《记忆的永恒》。

特雷弗·斯塔贝里（Trevor Stubley）为《梅林之书》塑造的极权主义蚂蚁插图，T. H. 怀特在二战期间写下这本书，它是《永恒之王》（*The Once and Future King*）预定的结局。

像梅林以前把他变成其他动物一样）。梅林警告他不要做这次冒险，解释说："它们非常危险……这种蚂蚁可不是我们诺曼的蚂蚁，亲爱的孩子。它们来自非洲海岸，好勇斗狠。"[22] 然而，这种殖民意象很快让位于更接近当代的忧虑，因为这些蚂蚁其实是一个极权国家的臣民，它们的盲目服从让人感到恐怖。在每条通往蚁穴的隧道入口上，都写着"法无禁止皆义务"的标识。这些盲目好斗又组织有序的蚂蚁很快将自己的矛头转向亚瑟，梅林不得不将他救出蚁穴，恢复他原来的体形。

最近，贝尔纳·韦伯（Bernard Werber）写了一本不同凡响的惊悚小说，为了向韦尔斯的小说致敬，题目也叫"蚂蚁帝国"。这本书的护封上有引自小说的评论，目的是用一些令人毛骨悚然的话吸引读者："在你阅读这句话所花的几秒钟里，地球上大约有 7 亿只蚂蚁诞生。"甚至还有一个词，"蚁走感"（formication），用来代替那种起鸡皮疙瘩的感觉，意思是"如同蚂蚁爬过皮肤"[23]。

反思殖民地意象

最近这些年，随着殖民主义和后殖民主义遗产受到剖析，有些学者开始反思蚂蚁那种威胁形象的殖民根源。克里斯托弗·霍普（Christopher Hope）、柳幸典（Yukinori Yanagi）和德瑞克·沃尔科特（Derek Walcott）全都试图修改这种比喻，前二者试图颠覆它，而第三位则试图重新捕捉蚂蚁生活的积极面。

克里斯托弗·霍普是出生于约翰内斯堡的白人作家，著有讽刺作品《最黑暗的英格兰》（*Darkest England*，1996），通过叙述南非本土卡鲁族流浪汉戴维·芒戈·布伊（David Mungo Booi）的旅程，颠覆了维多利亚时代探险者在非洲的"英雄"之旅。布伊在一个英裔农场主的教育下长大，20世纪90年代，他的族人派他向现任英国女王（"头戴钻石的老阿姨"的后代）寻求帮助，以便再次"将布尔人赶进天国"。通过布伊对英国天真而敏锐的理解，霍普讽刺地模仿了19世纪白人对非洲最为粗鲁的所有误解，可是，面对陌生的布伊族人，英国人的反应几乎没有多大改善。

布伊描述自己的族人说"我们都是小人物"，这个短语让人想起所罗门把蚂蚁归入"人间……聪明小物"的说法。[24] 访问布伊家乡的游客把他的部落描述得像昆虫，跟"寄生虫……跳蚤"一样。但霍普以两种彼此关联的方式，颠覆了殖民者把原住民视为蚂蚁的形象。首先，在整部小说中，布伊都被描述为非洲大食蚁兽（土豚）。布伊习惯猎食蚂蚁和蚁卵，他到达英国后被拘留，于是就从那时开始吃英国的蚂蚁。他发现它们"比我们布须曼人的稻米咸，但趁着新鲜吃尚可忍受"[25]。布伊被一位前主教收留，便跑到他的花园里，继续捕捉自己最爱的食品，甚至在一伙目瞪口呆的围观者面前大啖一群飞蚁。

霍普的第二处颠覆是始终把英国人和布尔人描绘成蚂蚁。布伊回忆说：

> 随后几个星期，我发现，在英国生活需要痛下决心。有些人来自更古老的文化，生活在更自由的环境中，他们对这种决心不太了解。这就像一个人必须将自己齐脖子埋进蚁丘，就这样过一辈子。天空低矮如屋顶……不过幸好他们习惯了如此糟糕的事情，适应了这种恶劣的环境，尽管它足以毁掉那些习惯了自由、阳光和空气的人……这里的原住民与其说是占领者，不如说是寄生虫……在这个岛屿上，几乎没有一个地方没被殖民，他们所说的"偏僻之地"，在我们看来，就像白蚁穴一样拥挤……[26]

总之，自然的物体大小被颠倒过来。布伊得出结论，英国人的"世界观极度萎缩……但荒唐的是，他们认为离自己最近的东西非常庞大"。因此，"尽管按照我们的标准，这个岛屿（英国）小得可怜，但他们说起来却仿佛它有非洲的两倍大"[27]。"非洲大食蚁兽。"布伊发现，自己正注视着一个刘易斯·卡罗尔式的蚂蚁世界，而生活于其中的蚂蚁却以为自己是庞然大物。（布伊将它们萎缩的世界观归因于连绵不断的雨水，"极其潮湿……让世界萎缩得跟微型玩具大小相当"。）在他看来，英国人和布尔人是"苍白的寄生虫"，正如在白人殖民者心目中，蚂蚁象征着原住民那种不可理喻的危险。

但事情仍然有点不对劲。"非洲大食蚁兽"布伊反复遭到虐待和逮捕，那些看起来像蚂蚁的人，把他"像非洲大食蚁兽那样绑起来"。正常的角色被颠倒，"非洲大食蚁兽"发现自己任由其自然猎物摆布，这是布伊感到迷惑和不快的根源。布伊的结论是，他不知怎么回事堕入了蚂蚁人中间，他们的外表看似没有恶意，似乎"不比飞蚁更有害，也不比白蚁卵更令人惊恐"，但这种外表完全是骗人的。[28] 于是，蚂蚁成为异国苦恼的象征，这与欧洲殖民者眼中的非洲蚂蚁形象如出一辙。

柳幸典创作于1996年的复合媒体装置《太平洋》(Pacific)，就像他的《世界各国国旗蚂蚁农庄》(World Flag Ant Farm)一样，作品中的国旗图案用彩色沙子做成，而蚂蚁在里面挖出一条条隧道。随着它们为自己创造出这个另类蚁穴，蚂蚁也将这些旗帜涂抹得难以辨认。

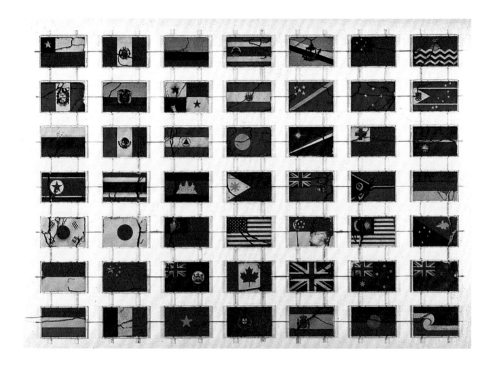

艺术家柳幸典在他的装置艺术作品《世界各国国旗蚂蚁农庄》中，巧妙地讽刺了殖民主义和国家主义意识形态。这件作品由装在棋盘格里的沙子组成，全都染成世界各国国旗的图案和颜色。他让蚂蚁在沙子中挖掘隧道，小小的蚁群直接从这些来之不易的国家身份象征底下和表面穿过。这件作品提醒观众，人类扩张和保护自己边界的冲动，其实跟蚂蚁并没有什么两样。此外，观众还会意识到，蚂蚁根本就无视我们的边界。具有讽刺意味的是，尽管人类的个头相对更大，我们却在蚂蚁的感知极限之外，而不是相反。蚂蚁在地球上挖掘扩张，在它们眼中，人类显得无足轻重。

德雷克·沃尔科特的《奥梅罗斯》（*Omeros*，1990）是部辉煌的史诗，它从殖民地编年史记录者的手中，夺回了编写加勒比地区历史的权利。史诗的题目来自现代希腊语中的"荷马"一词，从这个意义上说，它让人回想起控制蚂蚁大军——第二章中说到的密耳弥多涅斯人——的幻想。沃尔科特的阿喀琉斯是个渔夫，他的海伦是个女侍者，厌倦了男游客们关注的目光："那名字，以及与它有关的历史幻想，/ 照亮了海滩……/ 让一个个密耳弥多涅斯人 / 一个个旅行者目光闪烁。"[29] 有个爱尔兰女人嫁给了一个英裔养猪场主，很早就在加勒比地区定居，她反思海岛上大量滋生的害虫，然后得出结论说，这里还有比原住民更糟糕的东西：

岛上处处让莫德讨厌：

最糟糕的是，湿气损毁了图书馆。

它渗入盖着琴套的钢琴，

给毛毡榔头造成破坏，于是调律师

便可定期赚上一笔。然后是灯光陆离，

照着拥堵的市场台阶；形形色色的虫子，

尤其是雨后的飞蚁，蛀孔的白蚁

弄得屋子处处剥落，又将窗户遮蔽；

光着脚的美国人，在银行里闲逛。

如今他们泛滥成灾，比虫子更招人烦，

至少虫子还算原住民……[30]

就此而言，这首诗歌跟克里斯托弗·霍普对入侵蚂蚁比喻的反向阐释一致。不过，有时沃尔科特会怀着痛苦的怜悯，把受压迫的人民描绘成蚂蚁。诗中反复出现身被枷锁者的形象，他们是囚徒和奴隶。从远处看，他们在诗人眼中往往就像蚂蚁——不是殖民者经验中那些可怕的劫掠者，而是一些小生命，就像怕水的红蚂蚁，成群结队地涌向海边，涌向悲惨而恐怖的流放。[31] 在这部史诗的末尾，当沃尔科特思索自己创作《奥梅罗斯》的经历时，他把自己身为作者的看法相对直接地传达了出来。他评价说，跟个人史的力量和价值相比，自己的词句显然无足轻重，"……就像能够自我修复的珊瑚虫那般强大，这静默的文化……来自每一位祖先白色肋骨的分叉"。有人质疑沃尔科特的作品只是给历史加上注脚，对此，他再次求助于蚂蚁形象，为自己的劳动辩护：

> 我的灯光澄澈，勾勒出一只海星
>
> 掉落的星角，它的星标印在沙子上，
>
> 那是它向奥梅罗斯，我的驱邪咒语，致敬。
>
> 我是擎天巨神额上的一只蚂蚁，
>
> 蛛形棕榈在云彩书页上留下的记号，
>
> 一个星标，仅此而已……[32]

从某种程度上说，《奥梅罗斯》是有关伤痕持久性的诗歌，但是，在那些如蚂蚁般渺小的内在经验中，也能找到部分治疗法：即便在他人眼里，这些个人历史只像历史之书上加了星标的脚注。的确，沃尔科特通过将蚂蚁放大为人类，恢复并命名了那些籍籍无名者的微观历史。

这一过程的例证来自这首诗的一个片段，描写了蚂蚁怎样帮助"无痛咖啡馆"老板基尔曼老妈妈治疗菲罗克忒忒。菲罗克忒忒也是个渔夫，是阿喀琉斯的朋友，也是跟他争夺海伦的情敌。菲罗克忒忒有个地方老是很疼，因为那里以前被一只锈锚凿过——同时也是他祖先的脚镣留下的肉体记忆——有时"会让他痛得直叫唤"[33]。基尔曼老妈妈与大地交流，祈求大自然将菲罗克忒忒治好，而蚂蚁就是她的祭司。就在她进入黑森林、取下帽子和假发后，蚂蚁就开始在她的头发里穿行，而头发则"如苔藓般随意地冒出来"，将她跟大地相连接。现在，蚂蚁给她提供了咒语：

> ……她的嘴唇随着蚂蚁移动，长满苔藓的头骨
>
> 听见蚂蚁用她曾祖母的语言说话，

就像遥远集市上的闲谈，她心领神会，

正如我们无需语言也可追随自己的思想，

为什么蚂蚁捎信让她来到这森林

这里花朵留下的伤痕，它的坏疽，它的狂暴

肿胀了几个世纪，散发出腐血的气息……

在这里，难以理解的异国蚂蚁曾经吓坏了殖民者，现在却用已经遗忘但又熟悉的语言，向那老妇人低声传授疗伤的秘诀，跟现在岛民交流时即兴创造出来的土话相比，这种语言在记忆中埋藏得更深。事实上，在回顾过去时，基尔曼妈妈现在似乎无法理解教堂布道者的话了，"打着绝望的手势……/ 那只昆虫，又聋又哑的愤怒 / 用不属于她的语言打手势"。于是，基尔曼妈妈"祷告着 / 用蚂蚁和她祖母的语言"，直到菲罗克忒忒感觉从伤处排出了疼痛。[34]

对韦尔斯、福塞勒、福勒尔、尤尔斯等人共有的有关蚂蚁的殖民意象，沃尔科特在这部史诗中做了修正。他跟这些早期作家有个共同之处，他们都认为蚂蚁和这片土地融为一体，和深深扎根于此的人类居民融为一体。对威尔斯及其同类而言，这一点让蚂蚁成为威胁；就像它们的人类同胞那样，蚂蚁多得不可计数，难以辨别，其心理迥异于殖民者。但柳幸典却以游戏般的方式提出，蚂蚁不尊重人类的国界，这正是沃尔科特的力量源泉。蚂蚁或许是贩奴船上没人注意的偷渡客，它们在新的土地上建立了自己的殖民地，永远保留自己熟悉的生活方式，并让奴隶后代想起故乡。或者，蚂蚁也

（右页图）就像沃尔科特的蚂蚁一样，在金·斯特林费洛（Kim Stringfellow）创作于 1991 年的摄影拼贴《刻瑞斯变身为圣母》（*Transformation of Ceres into Madonna*）中，蚂蚁也充当了变形的灵媒。蚂蚁是谷物女神刻瑞斯（Ceres）的标志之一，它象征着与大地的联系，因为蚂蚁在地里挖隧道，献给女神的秘密仪式也在地下举行。（© Kim Stringfellow 2003）

许形成了一个国际妇女团体，它们与大地结合，对压迫者的地图毫无敬意，让人想起自己与某个地方存在联系。不管是哪种方式，它们渺小的存在，都让苏珊·斯图亚特（Susan Stewart）在《论渴望》（*On Longing*）中描述的历史得以内在化：沃尔科特的个人记忆能带来疗治与肯定。

内敌

Chapter Five   The Enemy Within

在向蚁学家 E. O. 威尔逊提出的问题中，最常见的一个是："我该怎么对付厨房里的蚂蚁？"他喜欢这样回答：房主应该当心自己的脚下。并且补充说，他们应该给这些客人放点食物（显然它们特别喜欢金枪鱼和生奶油）。威尔逊的回答令人吃惊，因为，看到蚂蚁成群结队地在我们的抽屉里进进出出——显然是从地板、墙壁或门框上的某个看不见的缝隙里钻进来的——这种景象会唤起大多数人的原始恐惧。我们大多数人也都会立刻屈服于一种强烈的冲动，希望将这些臭名昭著的入侵者消灭干净。

尽管有诸如霍普、柳幸典和沃尔科特等作家和艺术家的颠覆性作品，但一直到 20 世纪，人们仍然将蚂蚁视为威胁，要求消灭它们。现在，蚂蚁的威胁与其说来自殖民地，不如说来自离家更近的地方。对所谓的"文明"人的某些方面，甚至厨房里的蚂蚁都提供了一些令人不安的比喻。精神病学家、心理学家和社会学家全都为蚂蚁生活中的某些方面感到烦恼，如它们愿意接纳和容忍寄生虫，以及它们不假思索的群体行为和咄咄逼人的进攻势头。到了 20 世纪和 21 世纪之交，跨越边界的蚂蚁引起了仇外分子和民族主义者的担忧。所有这些现象似乎都在以不同的方式暗示：蚂蚁中存在一股力量，跟那些威胁着从内部耗尽人类社会的力量相似。

尽管有一系列的产品可帮助消灭侵入家里的蚂蚁，但蚂蚁仍然不断涌进来。

这幅德国漫画上写着："你现在真的需要消灭那些蚂蚁，对吧？"它突出了我们面对侵扰人类住宅的蚂蚁时那种不成比例的愤怒。

„Wollen sie jetzt die Ameisen loswerden oder nicht?"

蓄奴蚁和退化

对 19 世纪的人们来说，蚂蚁生活中最有趣的特点就是奴隶制。在北美，奴隶制显然是个极为重要的问题，但对欧洲人来说，这也是一个热门话题，因为他们正在殖民地颇有成效地创造出一支被奴役的劳动大军。19 世纪早期，蚂蚁的奴隶制表明，霸权是动物王国中一个自然的组成部分；到 19 世纪末，随着退化成为持久的担忧，它又警告人类当心依赖性及其造成的后果。

从职业上说，托马斯·贝尔特（Thomas Belt）是一位地质学家兼工程师，不过，当他代表琼塔雷斯矿产公司（Chontales Mining Company）到尼加拉瓜做勘探调查时，吸引他注意力的却是蚂蚁。在出版于 1874 年的《一位博物学家在尼加拉瓜》（ *A Naturalist in Nicaragua* ）中，他详细地描写了自己的观察。贝尔特在书中经常拿英国人和尼加拉瓜居民做比较，而在每一次比较中，蚂蚁都是一个突出的核心形象。蚂蚁虽然适应了尼加拉瓜的地形，却跟贝尔特心目中理想的英国人惊人地相似。可是，讲西班牙语的尼加拉瓜人则恰恰相反，他们懒惰，放任自流，缺乏创新。

贝尔特举了很多例子说明蚂蚁的足智多谋。其中一段讲到，有些蚂蚁在跨越矿山的铁轨时，反复遭到小矿车碾压，于是它们便在轨道下面挖掘隧道。[1] 贝尔特指出，相比之下，当地人就懒得搞建设了。有位堂·菲利韦托骄傲地向他展示自己的"新住宅"，贝尔特见惯不惊地发现，那座建筑不过是竖在地面上的 4 根陈旧的柱子（显然已经竖立多年），其余部分还只存在于主人沾沾自喜的期望中。[2] 同样的对比也适用于家庭托马斯·贝尔特赞许尼加拉瓜蚂蚁的勤劳，这启发他画了一幅蚁穴构造剖面图，在他那本出版于1874年的书中，他也画了很多类似的矿井剖面图。

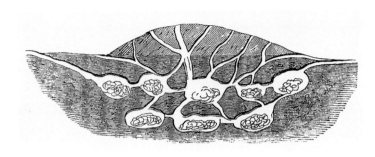

住址的选择。当贝尔特用石炭酸攻击蚁穴时，幸存者会小心翼翼地将里面的所有物品运送到新的巢址去。相比之下，欧洲人与印第安人的混血儿却坚持住在祖先的家园，即使森林的边际在几代人之后已退缩了好几英里，因此他们每天往返种植园都必须跋涉数英里。[3] 还有一个例子也证明人不如蚂蚁，切叶蚁小心翼翼地把自己搜集的树叶保存在适当的环境中，让叶子干湿适中。就这样，贝尔特惊讶地发现：它们居然在树叶上种植蘑菇，为自己提供持续的食物来源。当维多利亚时代的读者读到美美村"土地……肥沃，但人们却懒得耕种"时，会情不自禁地想到这些蚂蚁。贝尔特认识到"贫穷与懒惰最压抑的方面"，他向一个人询问人们都在做什么。"Nada, nada, señor,"贝尔特记下他的回答，"啥都不做，啥都不做，先生。"[4] 如果他能向蚂蚁提出同样的问题，它们该怎么回答呢？

贝尔特曾经是博物学家，他继续工作，从博物学角度，对尼加拉瓜人相对的卑微提出解释。他总结出两个主要因素：最重要的因素是温暖的气候和肥沃的土地，它们使得说西班牙语的混血尼加拉瓜人变得懒惰。此外，西班牙移民已经对他们的原住民工人产生了依赖性。无独有偶，在蚂蚁中恰恰也能发现同样的进化过程。[5] 蚂蚁因蓄奴性的劫掠而闻名，贝尔特就在他的书里记录了一个例子。虽然从短期看来，这种行为是勇敢（尽管有些不道德）的开拓，但从长远来看，却对蓄奴的蚂蚁不利。最后，在进化过程中，海盗似的蓄奴蚁逐渐对奴隶产生依赖，再也无法自己照料自己了。有些蓄奴蚁甚至退化到失去工蚁品级的地步。H. G. 韦尔斯在他那部世纪末小说《时光机器》中将这一认识发展到极致。在这个故事里，无能的艾洛伊族过着想入非非的享乐生活，生活在地下的莫洛克族负责供养他们，但也捕食他们。艾洛伊族再也无法保护自己免受奴隶伤害，如今后者已经变成了掠夺者。

因此，蚂蚁的例子说明，欧洲人依赖其殖民地的被统治者是有害的。在贝尔特书中还有另一个前后对应的例子：有种游蚁属蚂蚁在劫掠奴隶时，只带走受害者中的幼虫，这种现象与他在十来页后叙述的尼加拉瓜定居者遥相呼应。贝尔特指出，探矿者在抢劫印第安人时，尽可能只抓走印第安原住民儿童，其借口是可以让他们受洗，成为基督徒。他遗憾地指出，当权者"暗中纵容……这种可耻的处理方式"。贝尔特的推论是，如果定居的殖民者依赖他人的劳动，他们就别指望长期繁荣：

> 我思索着拉美的西班牙人后裔和印第安人退化的原因，逐渐认识到，在有些地区，如果人类不得不与大自然搏斗以获取食物，而不是从大自然那里接受恩赐；如果人类是劳动者，而非无所事事的懒汉；……那么只有这种选择发挥作用，人类才能不断进步，避免倒退……[6]

正如韦尔斯笔下的艾洛伊人所示，这种担忧更适用于家庭。上层阶级有钱雇佣别人伺候自己，他们是否也面临退化的危险？在《莫尔芙·尤金尼娅》中，A. S. 拜厄特颇有见地地探讨了阶级和寄生的主题（见第三章）。阿拉巴斯特家的各个成员，全都由他们匆匆忙忙的仆役大军伺候着，他们暴露了自己是一些近亲繁殖、身体衰弱且精神贫乏的人。阿拉巴斯特爵士雇用的那位博物学家，以及聪明但失意的家庭教师克朗普顿小姐，对此都无能为力，只能评论一下这种对比。博物学家在观察某种蓄奴蚁时，提供了一些显然不偏不倚的信息，让女家庭教师深受启发：

> 达尔文先生观察到，这些英国血红林蚁在迁徙时，会把奴隶带到新家；但是更野蛮的瑞士蓄奴蚁却极度依赖蚁奴，甚至会让蚁奴用下颚叼着无法自立的它们，把它们运走。[7]

难怪汉斯·海因茨·尤尔斯那本《蚂蚁人》(*The Ant People*)的译者提醒20世纪20年代的读者，不能像所罗门说的那样信任蚂蚁：

> 尤尔斯博士推翻了我们关于蚂蚁的许多先入之见。一直有人让我们相信蚂蚁勤劳肯干，我们发现事实并非如此。我们了解到，蚂蚁中有许多物种从不工作，有些以盗窃为生，还有一些就像中世纪的强盗封建主那样生活。总之，就像了解其他民族一样，关于蚂蚁，关于它们怎样生活、相爱、工作或虚度光阴，我们现在已了解到外行需要了解的一切。[8]

巨型蚂蚁和 20 世纪后期的其他恐怖事物

随着 20 世纪不断发展，内敌的性质也从优生学和退化角度的威胁朝着其他方面变化。冷战期间，西方认为蚂蚁似的赤色分子无所不在*。1954 年，美国拍了一部 B 级影片《巨蚁》(*Them!*)，就像那个时代众多有关火星人的电影一样，它把入侵之敌构想为几乎不加掩饰的共产主义者。一堆堆尸体证明死者的死亡方式非同寻常，而遭受外伤的受害者（尖叫着"它们！它们！"）逐渐让敌人露出马脚：巨型蚂蚁正在新墨西哥州的沙漠肆虐。它们能够在蚁群中传递信息，用下颚夹住受害者，将他们杀死，还能分泌足以杀死 20 人的蚁酸。可以理解，要捕杀那些个头超大的工蚁非常棘手，而且，只要蚁后藏在地下为它的军队补充兵源，杀死工蚁也完全于事无补。这些蚂蚁的交流方式已臻于完美，与之不同的是，影片中的人类在学习击败蚂蚁所必需的军事代码和方法时，却显得蠢笨愚钝。人类的昆虫式护目镜和防毒面具，不过是拙劣而反讽式地模仿了敌人的天性。随着勇猛的英雄们进入蚂蚁位于洛杉矶的最后巢穴，广播中回荡着冷战新闻造成的恐慌，而军事法已经准备就绪。与此同时，人们已经证实，那些发生突变的蚂蚁，是沙漠中一次原子弹爆炸试验造成的辐射的产物，暗示这场战斗有可能才刚刚开始。冷战造成的后果也许会出人意料地从内部破坏美国，电影《第四阶段》(*Phase IV*, 1973) 以更微妙的形式改写了这个主题**。

在喜剧动画片《辛普森一家》(*The Simpsons*, 1994) 中，有一集向《巨蚁》之类认为"赤色分子无所不在"的昆虫电

（右页图）电影《巨蚁》的海报，这部电影是经典的巨型昆虫史诗。

* 原文为 red ants under the bed，来自俚语 reds under the bed，是讽刺性地暗示有些人认为阴险的赤色分子在资本主义社会到处搞渗透。

** 这部科幻恐怖片描写沙漠里的蚂蚁突然获得了集体智慧，并开始对居住在沙漠里的人发动战争。

PHASE IV

影，幽默地表示致意，同时讽刺它们那种把蚂蚁当作"内敌"
的观念。这个故事讲述了片中那位平凡的反英雄人物霍默·辛
普森，他被选去参加一个被媒体称为"凡人宇航员"的太空
行动。进入轨道后，他因为一次由零食（本来霍默是不能把
它带到太空船上来的）造成的事故，而破坏了一个实验蚁
穴——它是用来探索"能否训练蚂蚁在太空中给小螺丝钉分
类"的。尽管对蚂蚁的出现可给出无害的解释，但它们一被
放出来，就直接飘到太空船上的摄像机镜头前，由于意想不
到的透视效果，它们的个头显得十分庞大。这个画面被传送
到第六频道那位喜欢咋咋呼呼的主播肯特·布罗克曼那里，直
到画面被切断——大概是因为一只蚂蚁掉进了摄像机的零件
中。在那个恐慌的时刻，布罗克曼变成了勾结者：

　　　　女士们先生们，哦，我们的画面被切断，不过，

唔，我们看到的那一幕说明了问题本身。"考威尔号"太空船已经被一群作为优等民族的巨型太空蚂蚁占领——如果你们愿意，也可称之为"征服"。站在这个有利的位置上，很难判断蚂蚁将吃掉被抓获的地球人还是仅仅奴役他们。只有一点可以肯定，谁也无法阻止它们，蚂蚁们将很快到达这里。而我，作为人类之一员，将欢迎我们新来的昆虫霸主。我会提醒它们，作为一名值得信赖的电视台工作人员，我将有助于它们围捕其他人，把他们送到蚂蚁的地下糖穴里去做苦工。

在《辛普森一家》中，霍默私自将波浪薯片带进太空，不小心导致一次怪异的事故，其中涉及一些看似庞大的蚂蚁。

这一刻的讽刺意味在于：它从 B 级电影中的巨型蚂蚁形象，一下子转向布罗克曼的怯懦反应，跟麦卡锡时代塑造的正宗美国英雄形象截然相反，但在很大程度上却更接近现实。因此，这部动画片的制作者格罗宁是利用蚂蚁来讽刺围绕内敌观念的歇斯底里和废话连篇。

20 世纪 90 年代，一连串全新的有关巨型昆虫的电影诞生。这些影片往往不会特别涉及某个具体的物种，而是聚焦于已被大家接受的有关昆虫群体力量的比喻，聚焦于文明社会厨房碗柜背后潜伏的恐惧。在这类电影中，《星河舰队》（*Starship Troopers*，1997）就是一个血腥而颇有争议的例子。影片描述美国军人排队加入他们宣传的战争机器，愉快地飞到其他行星上，在成群的巨型节肢动物劈砍的脚爪下面对死亡。这是一部幼稚（虽然特别暴力）的怪物恐怖片吗？这是向军国主义致以法西斯式的赞美吗？或者这是以讽刺的手法描绘美国的民族主义，把它比作蚁群那样没头没脑的群体行为？对这一切，就连批评家们也说不准。

从严格意义上说，《DNA 复制》（*Mimic*，1998）表现的是白蚁和蟑螂的突变杂交种，但也可把它视为另一部有关蚂蚁等昆虫的象征电影。这部电影讲述的威胁潜伏在纽约地铁里，后者象征着这座城市令人爱恨交加的核心。导演吉耶尔莫·德尔托罗（Guillermo Del Toro）评论说，他对这个古老的内敌主题加以改编的灵感来自异化：

> 不管什么地方，周围都有两个穿着破旧外套的人……如果他们不是人类，那会怎样？让我产生兴趣

的是这样的想法：我们没有意识到，有种另类的生命
形态就在我们鼻子底下繁殖和进食。我们没有意识到
这一点，因为在凌晨两点钟，我们几乎不会注意到大
街上的人。当那个身影像扇子一般展开，变得像只昆
虫……昆虫是上帝的黑天使，总有一天，它们会把人
类打得一败涂地，屁滚尿流。[9]

　　除了这些无家可归、到处流浪的下层阶级构成的内在威
胁，《DNA复制》还对"内敌"做了女权主义的解读。负责繁
殖的蚁后是这部电影中最可怕的部分，为了讽刺地强调这一
点，影片描写了一位女科学家，她是这项出了差错的实验的
负责人，而且自始至终都在为生个孩子而努力。女性的繁殖
欲是这部电影中潜在的恐怖（跟1995年的《异种》[Species]非
常相似），而在《巨蚁》中，虽然蚁后是问题的根源，但它占
据的银幕空间却比好斗的巨型工蚁要少。

　　尽管E. O. 威尔逊会在厨房里用金枪鱼和生奶油喂蚂蚁，
但即便是他，偶尔也会为那些身为内敌的蚂蚁感到恼火。20
世纪60年代末，一种非常小的黄蚂蚁开始出现在哈佛大学的
多个实验室里。它们最先被一位助理研究员发现，因为她的
糖溶液移液管被这种昆虫堵塞了。

　　　　当一位助研……为培养细菌做常规的糖溶液移
　　液时，真正的麻烦从此开始。她没法吸入这种液体，
　　仔细一看，才发现狭窄的移液管被非常小的黄蚂蚁
　　堵塞了。关于这种奇怪的入侵，人们注意到这座大

楼里还存在其他蛛丝马迹。黄蚂蚁到处都是，很快覆盖了午餐和下午茶之后的残羹冷炙。在玻璃容器下面，在文件夹里面，在笔记本的册页之间……奇迹般地出现了部分正在繁殖的蚁群。最令人担忧的是，研究人员发现，蚂蚁竟然会从培养盘顺着淡淡的放射物质痕迹，穿过地板和墙壁。调查显示，有个统一的蚁群正穿过这座大型建筑的空间和墙壁，朝各个方向扩散。[10]

经过探测，人们发现，这些入侵者是跟着威尔逊的一个学生，从巴西搭便车过来的，它们侵染了他存放标本的整理箱。等到卸下那些箱子并发现这些偷渡者时，黄蚂蚁已经在这座大楼的墙壁里形成了超级蚁群，并且已经像癌症一样"转移"。威尔逊使用这个通常跟恶性肿瘤联系在一起的词语，堪称意味深长。毕竟，癌症是最恐怖的内敌。威尔逊的这些超级蚁群静静地蔓延，像癌症那样扩散，暗中破坏了哈佛实验室里方方面面的生活：从信息记录到实验的执行，以及人

来自花园的黑毛蚁（*Lasius niger*）侵入厨房。

类就餐时的相互交流。威尔逊只是略带几分慎重地把这次事件称为"蚂蚁的复仇"。

这次事件的罪魁祸首是小黄家蚁，又被称为"法老蚁"（Pharaoh's ant），尽管它们原产于东印度，但据说已经侵入了全世界的建筑物。它们令人心生恐惧的秘密在于，单个的这种蚂蚁小得几乎看不见。据悉，它们已经占领了医院，从无法动弹的病人身上爬过，吃掉他们被损坏的血肉，传播疾病。

"当我们到此定居时，我们对蚂蚁一无所知。"伊塔诺·卡尔维诺（Italo Calvino）那篇《阿根廷蚂蚁》（*The Argentine Ant*）在开头这样写道。[11] 故事讲述了一次与哈佛相似的经历：一对年轻夫妇在丈夫的叔叔建议下搬家，却发现自己的新住宅遭受蚂蚁侵扰。它们在每个装牛奶的容器上面形成一层川流不息的黑色浮渣；它们如流水一般爬下墙壁，从这对夫妇熟睡的婴儿身上爬过，还让小说的叙述者惊醒过来，发出尖叫。卡尔维诺唤起了那种无奈的恐惧：看见一切物品都被这些渺小得可笑的敌人蹂躏，人们却无能为力。

> 对我们来说，当时的"蚂蚁"一词，根本无法表达我们目前的恐怖之状。如果〔奥古斯托叔叔〕那会儿提到蚂蚁……我们也只会想象自己对抗的是具体的敌人，可以计数、称量和压碎它们……在这里，我们面对的敌人却如同雾气和沙子，要对付它们，武力根本就无济于事。[12]

比蚂蚁更怪异的是村子里的神秘居民。每个人都通过强作幽默、无动于衷或缄默无语，以及备受折磨的自尊，容忍那些蚂蚁，假装自己没受影响。这对夫妇的邻居勃劳尼上尉痴迷于自己的灭蚁发明，但它们一个比一个更差劲儿。每过几个月，阿根廷蚂蚁控制公司的代表"蚂蚁人"就来放置毒饵糖蜜——尽管所有村民都一致认为它根本不起作用，甚至成了增强蚂蚁力量的滋补品。奇怪的是，这个人长得特别像蚂蚁，人们发现他有个撒满食品的肮脏棚屋，十分可疑，看起来更像是蚂蚁的繁殖地而非控制中心。

就像卡尔维诺的所有中短篇小说一样，这个故事的含义也难以捉摸。它没有大团圆结局，没有最后上演恐怖场面，也没有解决这种古怪的状况。更确切地说，或许卡尔维诺是在描述家庭生活中无形的恐怖：那些令人厌倦的生活琐事是那么微不足道，也不会引起我们注意并加以处理，但却会从内部毁灭我们。

入侵夏威夷的阿根廷蚂蚁倭虹臭蚁（*Iridomyrmex humilis*）的工蚁正在照料一堆堆幼虫和卵。

蚂蚁中的非法移民

在 20 世纪更晚的时期，来自拉丁美洲的蚂蚁"侵入"美国南部各州。其中涉及两种主要的蚂蚁之一就是卡尔维诺笔下那些阿根廷蚂蚁，即倭虹臭蚁，另一种是红火蚁（*Solenopsis invicta*）。对这些蚂蚁造成的破坏所做的新闻报道，与媒体对该地区人类移民问题的诠释十分相似，这并非偶然。

1997 年左右，加利福尼亚人开始注意到，就在自家后院，"无情的阿根廷闯入者"正在建立庞大的超级蚁群。《纽约时报》报道了这些蚂蚁获得成功的阴险秘诀：它们不是"像在自己家乡那样互相争斗"，而是彼此合作，"利用联合的家庭防线，从本地蚂蚁那里赢得地盘"。《旧金山纪事报》（*San Francisco Chronicle*）的科普作家报道说，这些入侵的蚂蚁甚至也对当地的脊椎动物构成了威胁。

在《纽约时报》那篇报道（2000 年 8 月 1 日）中，有个颇具讽刺意味的巧合，文中有关那种阿根廷蚂蚁的信息，有一部分来自一位身份暧昧的专家：

> 这种阿根廷蚂蚁觅食速度更快，仅凭工蚁数量就可完胜敌人，并且用喷射到对手身上的化学武器来维护其领地。"阿根廷蚂蚁在几天之内就可获胜。"研究生安德鲁·苏亚雷斯（Andrew Suarez）斩钉截铁地说。（苏亚雷斯的家族来自阿根廷。）

苏亚雷斯解决入侵蚂蚁的办法很简单，但读者该不该相信他？撕碎你的草坪，他说："如果草坪上长满本地植物和仙人掌，让圣地亚哥恢复本来的面貌，你就不会有（那些蚂蚁）了。"换言之，这位阿根廷人是在建议，放弃你对南加利福尼亚的产权。在这里，尽管文章的口气轻松愉快，却暗示威尔逊的入侵蚂蚁已经跟最狡猾的渗透者，即这位阿根廷蚂蚁专家，狼狈为奸了。

对于那些入侵的蚂蚁，蚁学家德博拉·戈登（Deborah Gordon）采取了更加慎重的态度。她在其研究论文之一中总结说：从天性看，阿根廷蚂蚁并不比那些被它们取代的蚂蚁更好斗，因为，它们向当地蚂蚁挑起冲突的频率，并不比后者向它们挑起冲突的频率更高。不过，一旦冲突发生，阿根廷蚂蚁就更有可能大获全胜。她的研究含蓄地从反驳阿根廷蚂蚁天生好战的方面构思，这的确是事实，但即便如此，由于其他研究者喜欢用特殊的人类术语阐释蚂蚁，因此她也不得不在这种文化背景下工作。

红火蚁会给人们带来极为痛苦的叮咬，对南部各州的美国人来说，这才是带来焦虑的更大根源，相应地，它们也在集体想象中占据更大的空间。红火蚁在加州媒体报道中上升到显眼的位置，而对于那些讨厌的人类移民，相关报道恰好也在同一时期引起关注，并且用来描述这两种问题的语言也颇为相似。"入侵红火蚁名副其实——它就是输入的。"一篇报道在开头直言不讳地写道。[13]1999 年，《洛杉矶时报》上的一篇文章估计："在旧金山湾区的大部分地区，有十分之九的物种都是外来的。"[14] 同样，说英语的加州人也为英语在这个州变成少数民族语言而烦恼。2000 年，墨西哥总统福克斯提出人类脚踝被红火蚁叮咬后的患处。它用下颚咬住肌肉，然后注入毒液。

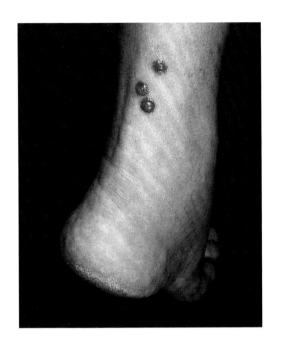

进一步开放美墨边境。愤怒的通讯记者写信给《洛杉矶时报》抗议说："日日夜夜，成群结队的墨西哥国民，川流不息地越过我们防守薄弱的南部边境，美国人……需要从他们这里争取更多的呼吸空间。"[15]

　　这两股"入侵者"都被普遍描述成经济负担。"外来物种是美国经济的寄生虫，估计每年造成1 380亿美元的损失。"一位权威在1999年判断说。[16] 几个月后，加州奥兰治县拨出600万美元，用于此后18个月的红火蚁扑灭计划。与此同时，对纳税人花在人类移民上的费用，人们也表达了类似的担忧。1994年，60%的加州人投票支持颇有争议的第187号提案，它拒绝向非法移民提供卫生保健等公共服务。1999年，这个法案在议会未获通过，于是又有人提出新的动议——恰好就在

有关中美洲蚂蚁入侵美国的报道引起恐慌时。新法案的一名支持者解释说："我们不喜欢自己的国家遭受侵略，不喜欢其他人滥用我们的血汗钱。"[17]另一个支持者写道："美国不能成为吸纳墨西哥穷人的海绵。"[18]

忧心忡忡的公民在这两个入侵前线聚集起来，后来，当他们的努力被视为障碍和难堪时，又勒马后退。1999年，奥兰治县鼓励居民用诱饵诱捕任何可疑的蚂蚁，把它们送去鉴定，或打电话给该县的特别热线：红火蚁 1-888-4。后来，官方取消了关于怎样摧毁蚁穴的建议，因为它实际上促成了红火蚁的扩散。与此同时，就在同一年，加州在机场和美墨边境布置移民官和调查欺诈行为的官员，询问那些可疑的游客，

《洛杉矶时报》忍不住把这些红火蚁想象成入侵者，描绘它们正在征服该地区的一幅地图。

确认其身份，如果他们接受了其居住状态所不允许的政府医疗补助，就加以逮捕。在亚利桑那州的钱德勒城，领袖们尴尬地发现，他们计划搜捕非法移民，结果却抓到许多"看似墨西哥人"的美国居民。这次事件导致的强烈抗议破坏了反移民者的理想事业。

在20世纪90年代的另一部讽刺电视连续剧《一家之主》（*King of the Hill*）中，就有一集与北美人心中那种潜伏的蚂蚁敌人形象有关。在"蚁丘之主"那一集中，汉克·希尔（Hank Hill）梦见自家完美的草坪被入侵的红火蚁毁掉，那是心怀嫉妒的邻居悄悄引入的。邻居戴尔就是内敌，在他家地下室里，藏着希尔家住宅按比例缩小的模型，周围都是小蚁丘。同时，蚁后很快通过催眠术控制了汉克的儿子鲍比。就在鲍比即将被蚂蚁叮咬致死那一刻，戴尔放弃了自己的邪恶手段，英勇地牺牲自己的身体，献给那群咬人的凶猛蚂蚁。

不管是否有意，这一集电视剧都利用了美国西南部在地

位和妄想症方面的重要文化形象——草坪，也就是阿根廷蚁
学家苏亚雷斯嘲笑的对象。草坪代表了新英格兰或者说英格
兰本身的一小部分，在加州、得克萨斯和亚利桑那，人人都
希望自家前院有那么一小块。尽管草坪并不适应沙漠气候，
但这种园艺上的势利行为仍然继续存在。事实上，这是草坪
在南部各州的全部要义。通过在一种愚蠢的栽培上面花费金
钱，来表现屋主的社会地位。因此，美国西南部的定居者运

电脑游戏 SimAnt
(1991) 让玩家在
游戏中扮作蚂蚁，
从另一个角度看待
红火蚁入侵草坪。

在这个来自 SimAnt 游戏的屏幕截图中，用户可回顾蚁群发展壮大并侵占人类草坪的各种努力。

用"旧"文化的一个标志，来象征他们的永久性，象征他们跟传统上非常势利的东北海岸地区不相上下。与此同时，来自中美洲的"入侵者"——红火蚁——必定意味着危险的"他者"。这一点十分微妙，因为，在得克萨斯于 1836 年从墨西哥分裂出来之前，在美国通过美墨战争（1846—1848；具有双重讽刺意味的是，汉克想在自家草坪上举行五月五节派对 [Cinco de Mayo]* ）从墨西哥手中攫取更多土地之前，如今的美国西南部大部分地区过去都属于墨西哥。从历史的角度看，真正的入侵者是希尔一家和他们的邻居。

这种蚁学仇外主义并非美国独有。2002 年，欧洲也曝出类似的故事。BBC 宣称"超级蚁群控制欧洲"[19]。这些蚂蚁大约在 80 年前被引入欧洲，已经建立起一个超级蚁群，跨越"6 000 公里的距离，从意大利北部穿过法国南部，一直延伸到西班牙的大西洋海岸，数十亿只有亲缘关系的蚂蚁占据了数

* 即西班牙语中的"5 月 5 日"，是墨西哥人的节日，每年 5 月 5 日举行，纪念墨西哥在 1862 年的这一天，在普埃布拉战役中击败法国军队。

百万个蚁穴"。就像它们的美洲近亲一样，这些蚂蚁最特别的地方在于不同蚁穴之间的合作，而人们通常以为不同蚁穴之间会发生争斗。因此，BBC记者写道："进化……强化了（它们的）优势，因为（它们）有时间和资源赶走敌人。"瑞士洛桑大学的凯勒（Keller）教授评论道："迄今发现的最大的合作组织就此产生。"

这个故事之所以如此有趣，就在于其政治背景，暗示读者不妨将它解读为有关欧盟这个超级人类群体的警世之作。在欧盟内部的紧张局势、民族主义和疑虑等因素有所增加的时代，它反映了涉及欧盟发展和巩固的当代问题。例如，2002年，各成员国对阿富汗战争的反应仍然不一致，当英国支持美国的行动时，大多数成员国都对这项事业心存疑虑。（2003年的伊拉克战争后也出现了类似的情况。）在意大利，因为政府打算强制实施一项跟欧洲保持一致的劳动法，结果发生了一起政治谋杀案。让法国人懊恼的是，他们的第二轮总统选举在雅克·希拉克（Jacques Chirac）和极端右翼候选人让—玛丽·勒庞（Jean-Marie Le Pen）之间进行，后者坚持一系列包括让法国退出欧盟的政纲。就在几天之前，英国人为某些地区选举出种族主义和民族主义议员加入地方政府而后悔，那些议员投合了部分选民担心"英国"身份被冲淡的想法。当然，英国拥有抵制欧洲政府及其"欧共体官僚"的漫长历史，按照公众的常识，他们最喜欢立法反对英国元素，如丁字牛排和按品脱购买啤酒，等等。2002年，英国媒体继续为非法移民（小报记者给他们起的绰号是"假冒庇护申请者"）而烦恼，现在，他们通过那条连接英国与欧洲的可怕纽带，即海峡隧道，直接从法国进入英国。

在这些有关欧洲同质化的普遍忧虑中，欧洲超级群体的"发现"证明存在更广泛的文化问题。蚂蚁变得有趣是因为它们暗示了人类与它们的相似性。人们用强化那些相似性的术语描述——构筑——它们。这些蚂蚁是在第一次世界大战结束前后被引入欧洲的，甚至这个时间也与各民族国家之间关系紧张以及现代形式的欧洲统治/统一威胁出现的时间一致。蚁学家们一致认为，正如评论员对欧盟命运的预测一样，相同的命运也会降临到超级蚁群头上：它们的合作注定没有好结果。据报道，有位蚁学家声称："随着拥有不同基因的蚂蚁开始彼此争斗，它们之间早晚会出现敌对状态。"于尔根·海因策（Jurgen Heinze）教授在他的一段录音剪辑中，对访问BBC网站的网民提出警告："超级群体可能已经开始解体。"

然而它却变得欣欣向荣。西班牙各地拥有特别强烈的地区身份认同，对该国的许多巴斯克人和其他公民而言，"地区性"一词是误用，正确的措辞应该是"民族性"。当欧盟各成员国都在奋力将各自的民族因素结合起来时，如果在它的内部出现一个"敌对的加泰罗尼亚超级群体"，那该多么完美。这些民族主义的蚂蚁在巴塞罗那地区周围建立基地，设法将它们的反统一大军沿着西班牙南部海岸推进到中途。当然，若是有人提出，这些蚂蚁的进化或行为方式，都依赖于人类历史上的意外事件，那未免有些荒谬。然而，不可否认的是，媒体正是在人类忧心忡忡的特殊背景下，注意到并报道和描述了它们的行为，那些忧虑为我们构建出了这些蚂蚁的本质。

狡猾的资本主义蚂蚁

在全球经济中，内敌的定义有了很大延伸。在世界贸易共同体内，就连一个海外实体也会构成内部威胁。1991年，时任法国总理的埃迪特·克勒松（Edith Cresson）在说到经济受到威胁的局势时，有句很著名的话，说日本人"就像蚂蚁一样"。她准确的原话已经在各种复述中产生变异。有个特别难听的回忆版本是这么说的："日本人就像蚂蚁一样，他们整晚熬夜，加班加点地工作，早上就想出占你便宜的招数了。"[20]乍一看，这些措辞似乎与蚂蚁毫不相干，它赋予日本人的，除了不知疲倦的忙碌，更多的是一种暴力。事实上，这种说法似乎是将两段相隔一个月的评论嫁接起来了。在第一段评论中，克勒松把日本称为"蚂蚁的国度"。据报道，一个月后，她又评论日本人是"黄种小个子"，他们"整晚熬夜，想方设法地占美国人和欧洲人的便宜"[21]。在集体记忆中，上述评论合二为一，这完全是意料之中的事。在20世纪被视为威胁的蚂蚁形象，早就投射到其他类似的群体身上，他们都让人觉得数量庞大、难以区分而又危险，这反过来也强化了对蚂蚁本身的诠释。

一家亚洲杂志试图对克勒松的评论做出更加正面的解读，突出自然神学赋予蚂蚁的正直和勤劳之美德。该作者声称，克勒松做这种比较很可能是表示赞美。[22]这样的分析不过是无稽之谈，艾伦·法雷尔（Alan Farrell）有篇文章论述了法国殖民文学中的越南人形象，其中就强调了这一点。[23]他将这种典型的东方主义蚂蚁形象描绘成一支支"长长的队列，由一些没有个性特征、疲于奔命的小个子，组成细长如丝线的军团，拖着攻城加农炮、米袋和炮弹，穿过丛林"。在法国人心目中，越南人的不可理喻显得咄咄逼人，在小说家让·拉特吉（Jean Lartéguy）的笔下表现得最清楚，下面这段话同样转引自法雷尔的文章：

> 所有这些蚂蚁似的人都没有特色……从他们的脸上根本看不出什么表情，甚至也没有突破亚洲人面部特征中那种被动性的一些基本感情，如恐惧、欢乐、怨恨、愤怒。什么都没有。一个单一的意愿促使他们全都冲向一个共同的神秘目标……这种如同无性昆虫的狂热行为就像受到遥控一般，仿佛可以在这个群体中的某个地方，找到一只身形庞大的蚁后，某种可怕的中央大脑，充当这些蚂蚁的集体意识。[24]

据说克勒松对她的原话做了解释，但她同样利用了这种与蚂蚁相似的负面特征，正如最近西方认识到的那样：

> 我说（日本人）像蚂蚁一样工作。蚂蚁工作很努力，这是事实……但我们没法生活在他们那种狭小的公寓里，上班途中花费两个小时的通勤时间，并且不停地工作、工作、工作，生下一些将来像牲畜一样工作的孩子。我们需要保留自己的社会保障，一如既往地像人那样生活。[25]

我们可以按照内敌的比喻来理解她的话。在克勒松的评论中，不仅描述了日本对法国经济构成的明显威胁，而且还隐藏着更深的焦虑。她推断，要跟日本人展开有效的竞争，欧洲人就不得不改变自己的社会，屈从于外国那种类似于蚂蚁的风俗，放弃所有情感和个性。就好像蚂蚁似的日本人侵入了欧洲，将他们的规则和习俗强加于人。这才是内敌恐惧症的本质所在。

第
六
章

作为机器的蚂蚁

Chapter Six   Ants as Machines

亚里士多德拿不准该如何理解蚂蚁。他鉴别出三种类型的灵魂——植物性、动物性和理性——其中最后一种仅属于人类。这显然否认了蚂蚁能够按理性方式行动的看法。然而，亚里士多德也在其《动物志》（*History of Animals*）中声称："正如我们在人类身上找到了知识、智慧和远见卓识，同样，在某些动物身上，也存在其他与之类似的自然能力。"[1] 因此，对比人与动物，由此得出的最终结论似乎是二者相似性颇多。中世纪的神学家和经院派哲学家详细阐述了这种分析，他们强调上帝造物的奇迹，强调他能够通过截然不同的方式，设计出类似于理性的东西，而这是人类最了不起的品质。到了启蒙时代，这种类比的性质发生了变化。这时，人们认识到，昆虫行为和无意识行为之间存在明显的相似性。在此类昆虫行为中，蚂蚁和蜜蜂是最吸引人的例子，因为它们那种机械似的行为使得它们能够维持和运作复杂的社会。再后来，随着技术变得更具威胁性，蚂蚁所代表的含义也发生了相应的转变。在第一部有关机器人的电影《万能机器人》（*R.U.R.*，1921）中，主角们被塑造成类似于工蚁的人类，而《大都会》（*Metropolis*，1927）以及其他电影和小说，则把人类生活描写成如同蚂蚁的地下巢穴般的地狱。最近，科学家更时兴以有机模型作为人工智能的基础，蚂蚁机器的性质再次发生转变，这回变成了一种对技术乃至人脑本身都颇具启发性的可靠典范。

启蒙时代的昆虫自动装置

笛卡尔认为动物是高效的自动装置，如果事实真的如他所言，那么在此类自然机器中，蚂蚁就是那些比较迷人的典范之一。奇怪的是，在描述蚂蚁的行为时，作为无神论者的机械论者跟神学家几乎没有差别。不管它们是不是上帝设计的，这些小生灵都为不可思议的精确行为树立了榜样。不管上帝是否像玩牵线木偶那样控制蚂蚁，都没有任何人类的能工巧匠能够仿造出类似的装置。

朱利安·奥弗雷·拉美特利（Julien Offray de La Mettrie）* 的形而上学著述是一种双重的挑衅，目的是戳穿人类的自我，尤其针对那些狂妄自大的哲学家和宗教家。一方面，正如他在《人是机器》（*Machine Man*，1747）中提出的那样，所有的人类行为和性情都可归纳为机械现象；另一方面，他又在《是动物而非机器》（*Animals More than Machines*，1750）中，进一步对人类自以为高于动物的优越感加以否认。因此，拉美特利认为人类就是机器，而动物又跟人类差不多；虽然只是引申，但他也证明了笛卡尔提出的观点，认为动物就是机器。简言之，人类并不比蚂蚁优越多少："在创造最卑微的昆虫和最杰出的人类时，都同样清楚地闪耀着（大自然的）力量。"在进一步的论证中，他还狡猾地假装接受灵魂不朽论——他把灵魂等同于人类的理性——只要读者也允许每一只虫子都拥有自己的灵魂：

* 18世纪的法国哲学家，机械唯物论的主要代表之一，著有《灵魂的自然史》（*The Natural History of the Soul*）和《人是机器》，认为人类不过是比较复杂的动物，并且像机器一样运作。

有一种主张认为不朽的机器是个悖论或理性存在，这个推论的荒谬程度，就跟认为毛毛虫看见同类幼虫的遗骸便会哀悼自己的物种面临即将灭绝的残酷命运不相上下。这些昆虫的灵魂（因为每个动物都拥有自己的灵魂）所知有限，无法理解大自然中的蜕变现象……我们都是一样。[2]

法国作家吉勒·巴赞（Gilles Bazin）跟拉美特利在同一时代工作，对于昆虫、人类和机器的关系，他的视野更开阔。他有一部关于蜜蜂的长篇大论（1744），是年轻的女地主克拉丽莎和她博学的朋友欧仁尼奥之间的对话，其中反复强调蚂蚁的这些近亲具有类似于机器的特征，同时，正因为如此，作者也温和但又坚决地勾勒出其行为与大多数人类的差异。欧仁尼奥强调蜜蜂没有人类那种故意攻击他人的倾向，一再向克拉丽莎保证它们不会伤害她："它们不是人类，只是动物，受大自然指挥，遵从它们自己的号令。这些动物不会任凭自己被异常的激情行为所裹挟。"[3] 这段话的主旨是纠正克拉丽莎早先的认识，后来又被作者重复多次。每次他都越来越确定地指出：蜜蜂是机械的动物，随着上帝赋予它们的本能之齿轮运转。克拉丽莎惊讶地了解到，刚刚化蛹的蜜蜂立刻就会成熟，"知道自己在余生中该做的所有事情"。她评论道："如果创造人类的上帝，把受过完善教导的孩子赐予我们，那该是多么幸福的事啊！"而欧仁尼奥则再次指出了人类和昆虫在这方面的差别：

当心，克拉丽莎，不要怨天尤人，这样有失公

(右页图) 正在研究蚂蚁的勒内·安托万·费尔绍·德·雷奥米尔 (ReréAntoine Ferchault de Réaumur, 1683—1757)。巴赞的作品中充满了雷奥米尔对昆虫行为的理解。

RENE REAUMUR

平：上帝本来只会给你机器，而不是温顺的孩子，就像你的孩子们那样。作为母亲，你能够通过言传身教，亲自教他们学习各种美德，他本来会剥夺这种最显而易见又令人宽慰的乐趣。[4]

作者的目的是希望读者效仿克拉丽莎的学习过程。到那本书的末尾，她提出了自己的两个受到认可的论点，把蜜蜂归入机械，从而跟人类区别开来。在接下来的对话中，克拉丽莎谈到六边形蜂房所表现出的复杂的几何学与精准的工艺：

从那（我们的上一次谈话）以后，我就自娱自乐地揣想，蜜蜂就像能工巧匠那样处理材料，从某些特定的角度切割出菱形，在利用蜂蜡方面发现了最俭省的方法。我想象这种昆虫忙着干自己的活儿，以最合理的方式，坚定地追求自己的目标，这时，我情不自禁地认可它们拥有判断力或理性，甚至拥有一连串的推论，就像人类一样……在由此产生的狂喜中，我惭愧地发现，在判断力方面，自己不得不在昆虫面前甘拜下风。

不过，克拉丽莎突然想起音乐方面的一个类比，让她放弃了对这个问题的最初想法：

我经常遇到这种情况，当我坐在羽管键琴旁，在上面弹奏时，我从不思考自己在做什么……一旦我的手指开始跳动，它们就会自动弹奏出一支乐曲，几乎像蜂房一般精巧，而且整个演奏过程都很机械。接着我会夸耀自己形成了如机械般自动操作的手指，它们会自动演奏羽管键琴曲调，而我的……推理能力与它毫无关系。现在，难道我们就不能想象万能的主拥有同样的力量，我的意思是，创造出无需推理也能工作的动物，让它们兢兢业业地完成最复杂的工作。[5]

欧仁尼奥对她的类比表示称赞，并解释说，蜜蜂还能够修理它们的蜂房——这项技艺如此惊人，就好像一位羽管键琴演奏家能够用新的和弦代替错误的音符。因此它们的自动能力其实高于人类：

> 不管多么开明，多么睿智，人类的理性……都无法天生拥有如此（像蜜蜂那样的）天才。我们的昆虫证明，如果说造物主拒绝将人类那样的理解力赋予它们，那他对此也有所弥补，让它们生来就具有生存能力，比任由它们（如人类那样）自己教导后代要好得多。[6]

因此，到那本书的结尾，克拉丽莎和读者都认识到，昆虫由上帝亲自"教导"，而不是像人类那样通过讨论和推理来学习。他们逐渐意识到：昆虫如此令人钦佩，人类在对自己的能力引以为豪之前，不妨停下来思索片刻。许多启蒙时代的作者，不管是无神论者还是一神论者，都一致认为，动物"机器"的"引擎"即是我们现在所说的本能。不管把这解读为自然产生还是上帝所赋予，都跟人类的自傲相映成趣。

机械化的苦恼

到了 20 世纪，自然神学家那种有关"幸福世界"（见第三章）的惬意设想已经消失。并没有什么特别的理由去假设人类拥有任何超越机械本能的东西。而且，正如弗洛伊德所言，我们也没有什么特别的理由认为那些本能是可靠的。因此，在这个阶段，我们看见一些文学作品以恐惧的态度，处理那种认为人类社会跟蚂蚁一样机械的观念。

E. M. 福斯特（E. M. Foster）早期的中篇小说《机器停转》（*The Machine Stops*，1909）是科幻作品，它暗示，在某些方面，人类的本能类似于或正变得类似于蚂蚁的本能。小说强调人类与昆虫的一个相似之处是：二者都适应了机械般呆板的生活方式。福斯特以写实的方式记录了他与现代都市生活的疏离感。在这篇小说里，他把都市生活描绘得如同地狱，介于蜂窝（每个人都居住在单独的六边形房间里）和蚁穴（群体处于地下）之间。每个人都完全生活在自己的房间内，所有生活必需品都由机器提供。娱乐和个人之间的交流也通过机器进行。（事实上，读者会情不自禁把这篇小说阐释为对互联网的预言，虽然这有违史实。）

小说的核心人物抵制这种伴随其生命形式的去个人化倾向。他跟母亲交流，要求与她会面，她困惑地回答说，他们此刻正在通过机器会面。这位母亲顽固地坚持机器的准则，暗示了蚁后的象征性控制。主人公最终的毁灭堪称祸不单行。他一再试图走出这个蚁穴般的城市，因此成为怀疑对象，身处险境。读者会觉得，如果这种状况持续下去，他就会自取灭亡。但最终毁灭主人公连同其蚂蚁世界的却是机器故障。福斯特笔下这个社会的成员，已经机械地适应了他们的机器世界，一旦其系统崩溃，就无法生存，只好全部同归于尽。

捷克作家卡雷尔·恰佩克（Karel Čapek，1890—1938），就像与他同时代的弗朗茨·卡夫卡（Franz Kafka）一样，在灵感支配下，通过描写昆虫来反思人类的处境。恰佩克两次写到蚂蚁，其一是拟人化的《昆虫世界》（*The Insect Play*，1921），其二是《万能机器人》。在《昆虫世界》（由卡雷尔与其兄弟约瑟夫合著）中，作者将人类的脆弱跟昆虫的弱点做比较，来对前者加以讽刺。蜣螂代表着小资产阶级枯燥乏味的物质野心，蝴蝶代表着卖弄风情的年轻人的轻佻。有个流浪汉一直观察这些嬉戏的昆虫，他评论说，至少人类拥有协同合作的高贵能力。他的话音刚落，最后一幕就开始了。在这一幕里，蚂蚁代表了该剧中最血腥的人性侧面。它们参与一场漫无目的的凶残战斗，至死方休，每一个个体都没头没脑地听从它的领袖的疯狂指挥。那个流浪汉评论说，当一只盲目的蚂蚁点数士兵参战时，"它们全都随着它点数的节奏移动：一、二、三、四——哼，这让我头晕目眩"。蚂蚁的可怕之处在于它们唯命是从的机械本质，以及这方面与人类行为的相似性，在这部戏剧首演之前的那10年里，这种相似性尤其惊人。

卡雷尔·恰佩克的《万能机器人》于1921年首演，该剧也是从政治的角度，探讨人类的机械化问题，以及它与蚂蚁生活的相似性。这部戏剧以一个在字面上牵强附会的比喻为基础，它兼指人类和蚂蚁。在捷克语中，robot指的是"苦力"或"工人"，因此可用来形容人类和蚂蚁二者。英文中的"机

器人"一词，就是通过这部作品介绍给全世界的。在恰佩克的故事里，那些变得机械化的工人由邪恶的技师罗素姆制造出来，成为完美的劳动者，而他们身上的部件，没有一个不是直接为了工作进度而制造的，如演奏小提琴或步行。就像《机器停转》一样，这部戏中也包含一个蚁后似的人物：海伦娜，机器人制造公司董事长的女儿。海伦娜提出有关解放的误导性信息，对挑起机器人起义负有部分责任。机器人被迫充当机械奴隶，但却渴望生命，最终揭竿而起，推翻了其制造者的种族。罗素姆及其同事犯了个错误：在追求机械化的效率中，他们否认了自身内在的生命力。于是，他们无意中按照自己缺乏精气的形象创造出机器人。因为他们否认自身对生活的强烈冲动，所以没有意识到这种冲动必然会在这些崭新的生命中出现，以及由此带来的后果。

弗里茨·朗拍摄于1925—1926年的《大都会》，涉及同样的主题。这部影片也刻画了一队在地下工作的工人，这次他们是人类，但已经退化。又一位强势的女性人物玛丽亚，通过催眠式的温和领导，指挥这个地下部落。又一个邪恶的科学家试图造出一个机器人，但这次制造的是一个假冒的玛丽亚，它将按照其制造者的意愿，控制这些下层民众，这种做法同样不符合那群过度操劳者的利益。那个科学家以为，如果制造出一个机械化的女王，就能像操纵蚂蚁那样操纵那些工人，而电影并没有反驳这种观点。但不同于福斯特的小说，这部影片似乎没有谴责那些机械化的工人，而是对他们没有思想和生机的处境表示同情。

不管怎样，这些作品全都表现了20世纪初对人类与蚂蚁关系的恐惧之感，由于这种恐惧产生于当时有关机器和机械论的隐喻，因此尤甚。恰佩克有时预测生命力会获胜，而朗和福斯特对于人类在蚂蚁式的机械化现代生活中的命运，则不太乐观。

弗里茨·朗（Fritz La-ng）的《大都会》中有一些在地下劳动的工人，让人想起蚂蚁。

蚂蚁和系统之美

二战之后的一段时期，一种新的思维模式出现。它将哲学、数学、心理学、计算和信息科学跟蚁学结合起来，把整体论当作一种观察世界的有益和有用的方法提出来。从20世纪伊始直到30年代末，整体论思想在哲学界风靡一时，如今又在新兴计算机科学的背景下复兴。《作为有机体的蚁群》（"The Ant-Colony as an Organism"）是前一个时期的重要论文之一，它也被"重新发现"，在一定程度上，被断章取义地重新阐释为这种新思想的先驱。[7] 蚁群和其他有机发展过程都作为正经知识而受到赞美。从文化上说，这是一种怪异现象：一方面，促进信息理论发展的动力是冷战时期的军事和密码学偏执狂；另一方面，它也回应了战后反文化潮流中的反简化论观点。M. C. 埃舍尔（M. C. Escher）* 创造出镶嵌着棋盘花纹的奇怪设计，反映了人们在蚂蚁有机体那种化学编码的循环系统中新发现的美。数学家兼整体论哲学家罗杰·彭罗斯（Roger Penrose）设计出"莫比乌斯环之二（红蚁）"（Möbius Strip II [Red Ants]），显然是用蚂蚁形象代表这种新哲学。在40年代，埃舍尔就对蚂蚁和其他昆虫兴趣盎然，为它们绘制了详细的放大图。社会性昆虫的建筑（如蜂窝、蚁丘）虽不合逻辑，却尽善尽美，它们让人想起埃舍尔在解决对称问题时那种无师自通的本能方法。

道格拉斯·霍夫斯塔德（Douglas Hofstadter）所著的《哥德尔、埃舍尔和巴赫》（*Gödel, Escher, Bach*，1979），或许体现了整体论科学和创造论在这个复兴阶段初期的高级水准，那时，信

* 20世纪荷兰艺术家，以其错视艺术而著称，代表作有《天长地久永不分离》和《画手》等。

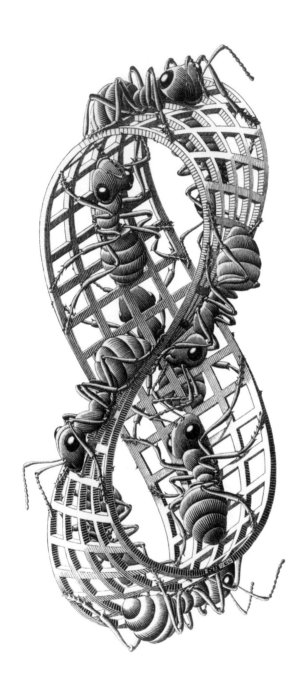

埃舍尔的一些环状设计作品，如这幅创作于 1963 年的木刻《莫比乌斯环之二（红蚁）》，在人工智能领域引发了反文化的创新。

M. C. 埃舍尔作于1943年的平版画《蚂蚁》，这是其早期作品中以昆虫作为主题的一个例子，将激发他探索对称性和图案式样，并进而探索哲学问题。

息技术革命尚未进入普罗大众的生活。在"前奏 蚂蚁赋格曲"一章中，他以蚂蚁的组织作为一次巴洛克式讨论的主题，涉及理解一个系统中不同层次的方法。这一章非常巧妙地模仿了赋格曲的构思，因为在欣赏赋格曲时，听众要么顺着每一条单独的旋律线欣赏，要么欣赏全部和声，但无法同时欣赏这两个方面。同样，观察一只蚂蚁也无法揭示蚁窝作为一个整体的组织。在书中，安提特博士（Dr Anteater）* 解释了他是如何观察整个蚁群"希拉里阿姨"（Aunt Hillary）** 的，这让他的朋友们感到迷惑。尽管单个的蚂蚁没头没脑，但集合起来，它们的行动就具有了意义，如果居高临下地俯瞰，就能理解这种含义。安提特博士甚至声称，自己是与"希拉里阿姨"交谈的对话者，通过介入她的集体行动，就能向蚁穴传递含义丰富的信息，而蚁穴也会通过改变其行为来做出回应。

安提特博士和朋友们一起，探索视觉谜语——小字母组合起来，构成更大的字母——就像蚁群一样，从不同的层次对它加以审视，就会得出不同的含义。《心我论》（*The Mind's I*，1981）在出版时收入了这一章，并附有霍夫斯塔德的解释，详细阐述了这些主题。他指出，在理解各种事物时，我们习

* anteater 即食蚁兽。
** 跟蚁丘原 ant hill 为谐音双关语。

惯于从地面自下而上地观察它们。不过，正如安提特博士所示，把系统当作一个整体，自上而下地观察，这也是一种站得住脚的理解方式。蚁群中存在一种向下的因果性，可让它在受到攻击时做出回击，或者在食物丰足时抚养更多后代，在食物匮乏时吃掉部分后代。可以肯定，蚁群中存在某种信息素触发机制，能让每只蚂蚁开始或停止特定的任务。不过，为何会产生这种触发机制及因此而改变的行为，却有一个普遍的"理由"。那就是目的论的一个版本，是从有神论中保存下来的。严格地说，这个系统的功能要从"设计论"的角度看，才具有意义，人们应该对其本质或造物主保持怀疑。进化论为其设计论的外表提供了审慎的崭新解释。既然一个功能已经存在如此之久，那就肯定能在进化方面找到一个合理的理由，来解释其原因。只要世界不发生过于激烈的变化，这反过来也能预测未来可能出现什么成功的演化。

大自然为蚁穴选择了"更高层次的动量"，它以蚁学家而非单个蚂蚁能够理解的方式，将一窝蚂蚁组织起来。换言之，是大自然选择了蚁群的表达系统或信息系统，即"一些自我更新的活跃构造的集合，组织起来后，就可'反映'世界的演化"[8]。霍夫斯塔德断定，蚁穴中那些自上而下、组织严密的任务，其功能类似于电脑目标明确的算法。因此，对霍夫斯塔德而言，蚁丘就成为一种理想化的信息体系，远远领先于 20 世纪 80 年代的电脑技术：就像人类的意识一样，这个体系能够自我解读和自我更新。就哲学家们希望这项新技术能够获得的成就而言，蚁丘是对它的乐观赞美（事实上，这么说言之有理）。

具有启发性的蚂蚁机器

自从信息革命初期以来，霍夫斯塔德的思考就启发着很多人。他的整体论是从非机械的视角看待技术，与 20 世纪初的评论者截然不同，由此激发了一种看法，认为所有事物都会作为有机网络来演化，就像蚂蚁那样。最近这几年出版的一些著作提出，万维网、人工智能甚至人类城市可能全都如蚁群一般，是一些自我更新的系统。还原论者主张，只有存在某种能将成功的代码——换言之，也就是基因——传递给新一代的机制时，进化才有可能发生。尽管如此，这种从蚁学/信息论的角度看待进化的观点仍然经久不衰。而且，在解决信息技术问题时，蚂蚁也逐渐充当了非常特殊的模式，本章的其余部分将探讨这个主题。

显然，一群意大利研究人员最先想到把蚂蚁用作解决计算机问题的办法。[9] 这个挑战就是所谓的"旅行推销员问题"，其目标是在 8 个城市之间找到最快捷的路线，限制条件是每个地方都只能去一次。这群研究者假设，如果想象虚拟的蚂蚁——他们很快给它起了"虚拟蚁"（vant）的绰号——来解决这个问题，或许能给出一个不错（就算不够完美）的答案。这个想法如下：每只虚拟蚁都会随意在外面闲逛，它走完一段路程的速度越快，留在身后的信息素痕迹就越强。对其他虚拟蚁而言，这个信息素意味着"走这条路"，因此其后的虚拟蚁就更有可能顺着那段路线前进。这个过程重复了 5 000 次，最后就出现了一条最佳路线，所有虚拟蚁都循着它行进。

随后，这些意大利人的蚂蚁算法系统以硬件设计的形式

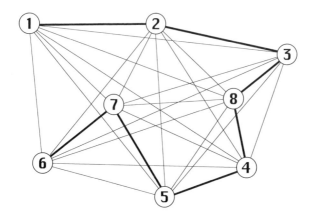

旅行推销员问题：每个节点（代表一个城市）必须且只能造访一次，且整条路线必须最短。在这个例子中，灰线表示可能的路线，而黑线表示作为最终解决方案的路线。

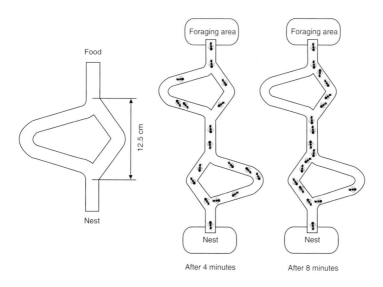

Food

12.5 cm

Nest

Foraging area

Nest

After 4 minutes

Foraging area

Nest

After 8 minutes

在 20 世纪 80 年代的这个实验装置中，蚂蚁真的解决了一个简化版的旅行推销员问题。在实验开始 8 分钟后，大多数蚂蚁都决定走最短的那条路线。

160

成为例证。麻省理工学院有个实验室一直在研究一个微型机器人群体。[10] 受到蚂蚁启发，他们打算利用若干机器人测量一立方英寸体积时的互动，来完成一些群体任务。科学家们从让小机器蚂蚁玩"追随领袖"之类的游戏开始，最终能够用它们综合成彼此协作的矿井清理行动。[11]1997 年，英国电信公司（British Telecommunication，BT）雇用了若干蚁学家，帮助他们解决其庞大的信息网络中的一些问题。[12] 他们的电话网络需要彻底检修，用光纤替换数英里长的铜线。就像给佛斯湾铁路桥* 刷油漆一样，这项任务在完成之前就需要重启和更新。此外，碰到压力太大的情况，如高速公路堵车导致大量手机呼叫时，这个系统已经有部分瘫痪。他们需要一种高速、灵活的"智能"手段，在系统中另寻路径发送电话呼叫，而不是在复杂网络中按照固定的路线发送。

公司决定引入蚁学家，是受到某种类似于信任动物本能

机器蚂蚁可作为团队的一员而行动，它前方伸出的两根线是触觉传感器。

的古老信念启发。其研究部门的负责人解释说："生物有机体会用非常简单的软件完成复杂的任务，而人类那些复杂得不可思议的系统却只能做非常简单的事情。"其基本原理就是：网络通过模仿一个蚁群，也能演化出自己的适宜反应，实现自我管理。在受损的网络周围，一个软件程序释放出数千只"蚂蚁"，即检测信号，找出从 A 到 B 的最快替代路线。每只"蚂蚁"差不多都是立刻就返回原处，每趟旅行时间的信息也反馈给网络，让它在"不到一秒钟里"自动重新配置连接，而人工操作者需要好几分钟才能完成。

有趣的是，此类计划背后的研究者热切地将他们的蚁学模式描述为创造虚拟网上环境的方式。英国电信公司的老板强调："到 21 世纪初，人们将能够在网上四处漫游。"他梦想的是一种自我创造且可控的另类现实，这个梦想距离蚁丘的童话王国并不遥远。用技术灵感的术语说，蚂蚁已经从消极的典范回到积极的典范。但这种比喻中仍然存在一种张力，因为，正如一位作者所述，我们设计的蚂蚁式自我维持的计算机系统越多，我们对其进化的控制，或许还有对我们自身未来的控制，实际上也放弃得越多。

然而，在此类研究的核心，存在着一个意义深远的信念，即蚂蚁和信息网络二者具有可比性，且这种根深蒂固的相似性保证了电脑技术的成功。此外，正如下面的几个例子所示，它还意味着，这种技术反过来也可为深入了解蚂蚁的生物学过程提供实用的方法。

在日内瓦湖畔，一群生态学家正在制订火星登陆计划，更确切地说，他们是在制订自动登陆计划。机器宇航员将探索这颗红色行星，为我们发回报告。这个生态学小组写道："机器人技术中最大的挑战之一，是创造出能够在不可预测的环境中实时互动的机器。"然而，单个的机器人一次只能了解一个地点，而且还容易损坏。因此，小组得出结论："利用一群机器人以自我组织的方式行动，就像蚁穴里的工蚁那样，或许是个潜在的解决方法。"[13] 他们着手创造的正是这种东西。由此产生的机器人能够获取有关群体"能量水平"的信息，而各个机器人的能量水平都不同，当它们的能量降到一定水平之后，它们就会出去寻找用无线电标记的"食物"。

日内瓦的研究组已经发现支配群体组织功效的两个主要因素。首先，他们发现，每个实验组都有最佳的团队规模（通常为三个左右）。如果团队成员更多，它们并不会更有效

在劳伦特·凯勒（Laurent Keller）位于日内瓦的实验室里，蚂蚁机器人可合作执行团队任务。

地发挥功能，因为不同机器人之间偶遇的概率会更高，会干扰食物收集功能。研究者将这一点跟观察某些蚂蚁和胡蜂获得的信息做比较，发现这两类昆虫在种群过大时，工蚁和工蜂的效率也会降低。其次，他们发现，如果赋予机器人彼此招募的能力，一同前往集中的食物源，那么它们的效率会大为改善。这显然也跟真正的蚂蚁的行为类似。

这两个发现都反映了我们对昆虫社会如何发挥功能的理解。从某种程度上说，它们也是互通的，因为这个实验装置首先依赖于研究组对蚂蚁的理解。不过，对于研究文化的学者而言，这个有关蚂蚁成功的群体活动的设想中，最引人注目的地方是它所具有的纯粹力量。这种信念的威力如此强大，以至于它为太空探索之类对圈外人深奥难懂的人类活动提供了基础，并且，对于有关自然界群体行为和功能的一般结论，它也构成无可置疑的基础。

在人工智能方面，英国德文郡的达廷顿似乎也不可能处于研究前沿。这里是几所多学科艺术院校所在地，恰好位于古老的集镇托特尼斯城外。20 世纪 60 年代的精神似乎在那些过着优雅生活的人身上沉淀下来，店铺里摆满具有疗愈功能的水晶和有机蔬菜。然而，新兴的信息理论却出奇地适应了这样一个地方。在这里，人们对高新尖技术的热情，跟一种对有机模式的信仰结合起来，并以此作为这种新技术的基础。"仅仅"昆虫就能成为最好的电脑设计师，而电脑据说正是人类独创性的巅峰。这个观念中有种快意的反文化元素。

布赖恩·古德温（Brian Goodwin）是达廷顿的舒马赫学院的常驻学者。他很有兴趣看看自己能否制作出虚拟蚂蚁的模型，让它们表现出集体行为模式，就像他在巴斯和休斯敦几

巴斯大学的奈杰尔·弗兰克斯（Nigel Franks）正用他的"吸虫管"吸蚂蚁，用来研究它们类似机器人的团队工作。

所大学的蚁学家同行观察的蚂蚁那样。通过这种做法，他希望更多地了解那些能够解释蚂蚁（此指细胸蚁属，*Leptothorax*）进化适应性的因素。[14]

他跟两位同事合作，获得了一些有趣的结果。有个同事注意到，蚂蚁会经历活跃期和停滞期互相循环的周期，据说这会让它们平均而可靠地分配照顾幼蚁的任务。这两个周期是如何协调的呢？他们假设，每只蚂蚁的活跃期和停滞期都是随机的，不过，如果它跟一只活跃的同伴接触，就能从停滞状态转变为活跃状态。为了搞清楚这个问题，他们制作了一个计算机模型，由一系列网格组成，每只"蚂蚁"占据一个小格，其状态在活跃与停滞间随机转换。如果旁边格子的"蚂蚁"处于活跃状态，那就会刺激它也转入活跃状态。然而，这种模式将意味着，每只"蚂蚁"都会很快进入永久活跃状态。因此，任何特定的"蚂蚁"，对一只活跃的邻居做出反应的概率都必须低于1。如果概率太低，那就无法形成模式；如果太高（但也低于1），那么模式将变得混乱无序。不过，如果古德温及其同事把蚂蚁的敏感度控制在合适的范围内，那么不可预料的状态转换节奏就会出现。古德温提出，这会形成一种机制，当机器人开始殖民生活时，可让它们的突变特征（emergent feature）具有生存价值。他的核心主张是："对突变现象的研究……将进化新征的主要来源，从基因和适应转移到以应急突变秩序为重点。"我们在蚁穴里看到的是群体行为，这种应急突变现象并非只受蚂蚁成员的基因这个因素控制。不过，古德温认为，蚂蚁们各不相同的敏感度是由基因编码的，作为实验的初始条件，它类似于日内瓦小组的研究结论，即单个机器人对同伴能量损耗的敏感度具有天生的"基因"多变性。

这两个实验有个有趣的切入点：日内瓦小组认为，如果技术能够模拟蚂蚁，那它就能获得优化；而古德温的小组认为，这二者之间天然的相似性意味着，通过成功的计算机模型，必定能揭示蚂蚁怎样在现实世界中完成同一过程。两个研究组都表明，他们对自然体系解决问题的能力，以及自然体系跟人类信息体系的大体相似性，有着坚定的信念。高科技杂志《连线》（*Wired*）的编辑凯文·凯利（Kevin Kelly），在20世纪90年代中期创作了《失控》（*Out of Control*）一书，将这些技术恐惧的思路跟 E. O. 威尔逊所说的"融通"——所有生命有机体的自然相似性——联系起来。凯利的描述和所有这些研究所体现的，都是技术革新论跟有机体浪漫主义之间奇异但仍然影响深远的结合。

一只蚂蚁叼着微芯片的扫描电镜照片。这个形象暗示了技术革新论跟有机体浪漫主义的结合，为目前基于蚂蚁的人工智能注入了活力。

一位生物还原论者会很快干掉古德温提出的这种论据：如果进化新征（群体行为）可以传递给下一代，那么不管促使其发生的因素是什么，都必定会在基因中编码。否则这种行为就不会取得长远成功，或者说不具备进化意义。然而，正是这种矛盾性的持续存在，显示了当前将蚂蚁和机器相结合的研究方法具有多大的影响力。尽管遭到还原论者的反对，但这仍是一个开放的论题，而反还原论者的观点还在继续产生卓有成效的创新技术解决方案。蚂蚁仍然是个令人困惑的奇迹之源，就像它们当初在亚里士多德眼中一样。

第 七 章

暧昧的蚂蚁

Chapter Seven   The Ambiguous Ant

初升的太阳照射着一派典型的美国都市风景，将其中的摩天大楼变成剪影。伍迪·艾伦的画外音独白出现，重复了20世纪和21世纪之交每个不堪重负的办公室文员的焦虑。他感觉自己一文不值，是一架巨型机器上的一个小齿轮。太阳越升越高，我们发现那些高楼大厦根本不存在。它们其实只是一些草叶，拜阳光和微距拍摄（或者说表面上是这样——其实《小蚁雄兵》从头到尾都是电脑制作的电影）之所赐，而幻化成大都市。随着镜头的移动，观众将目光投向草的根部，投向地面和地下。最终，镜头落到艾伦配音的角色身上：籍籍无名的 Z-4195 号蚂蚁，也是该片英文标题的来源。"整个这个系统让我觉得自己无关紧要，"蚂蚁 Z 告诉其治疗师。那位神经科医生回答说，Z 已经实现了突破。"真的吗？"他问。"是的。"医生无情地答道，"你确实无关紧要。"紧接着，镜头转向别处，扫过一个巨大的洞穴，也就是导致蚂蚁 Z 患上神经衰弱症的环境，仔细审视，就会发现那是个拥挤繁忙的蚁巢，挤满上百万只工蚁，正秩序井然地忙着干活儿。

Z-4195 号蚂蚁提出了一个神圣庄严的形而上问题：人的生命有什么价值？在 20 世纪，也就是极权主义统治时代，这个问题的准确说法是这样的：一个人到底拥有多少个性？为了回答这个问题，这部电影的制作者将人与蚂蚁做比较，结果无意中加入了当时蚁学界的一场非常激烈的争论——在撰写本书时，这场争论仍在喋喋不休地继续。"暧昧的蚂蚁"将目前蚁学界对蚂蚁自主性的怀疑，投射到当代西方社会一场更广泛的争论中，涉及个人在后资本主义社会的地位，这两类问题都利用《小蚁雄兵》作为共同的焦点。由此，本章也就反映了众多有关科学的历史记述，它们强调了所有理论和实践的主要文化因素。

在电影《小蚁雄兵》中，冉冉升起的太阳揭示了一派蚂蚁都市的景色。

威尔逊与戈登之争

德博拉·戈登和 E. O. 威尔逊之间的争论虽然不是报纸头条的素材，但在过去的大约 10 年时间里，却是蚁学界的主要论争，将参与者分成势不两立的派别。表面上，这场争论涉及蚂蚁行为的灵活性：威尔逊及其盟友声称，在蚁穴内，一只蚂蚁的品级与它特定的行为功能之间存在相当固定的关系；另一方面，戈登则认为，蚂蚁的行为不是那么固定，没有那么目标明确，而是更加随意。然而，在这些表面上的技术分歧下，却隐藏着双方在个人、社会和文化方面的许多差异，它们无声地勾勒出这场论战的轮廓，并且是导致争论令人不快的部分原因。

威尔逊是这场蚁学论战的蓝方，他是博物学界德高望重的老者，1929 年出生于美国南方腹地的亚拉巴马州。他很乐意承认，自己的社会背景具有保守倾向。他对自己在墨西哥湾海岸军校所受的教育心怀感激，因为那里培养了他的忠诚、纪律和自我牺牲，他后来在科学事业中将这些付诸实践。从读博士时起，他就一直以哈佛大学为基地，认为这是"我的宿命"。哈佛是美国知识精英的大本营，并且威廉·莫顿·惠勒（William Morton Wheeler）从 20 世纪初开始，就为这里收集了大量蚂蚁标本。威尔逊把自己的职业描述为"博物学家""进化论者"或"传统生物学家"，在他的整个职业生涯中，他一直聚焦于蚂蚁，以它们为模型，详细阐述进化论。这个项目的顶点是他在 1975 年发表的比较动物学论著《社会生物学》（*Sociobiology*）。尽管这本书被很多人批评具有自然化

倾向，将种族主义和性别歧视等丑恶现象合理化，它却仍然启发了新一代进化心理学者。1990年，威尔逊及其同事贝尔特·荷尔多布勒出版了一本有关蚂蚁的大部头专著，因此获得普利策奖。如今，威尔逊是哈佛的荣誉退休教授，在生物多样性保护事业中十分活跃。

德博拉·M.戈登是这场论战的红方。她出生于1955年，曾在哈佛和牛津做研究，现在是斯坦福大学的副教授（威尔逊在1958年拒绝了这个职位）。戈登的研究领域是行为生态学，就像威尔逊一样，她聚焦于蚂蚁研究的目的，是为了解答她心目中自己领域内最重要的问题。威尔逊感激自己在军校的老师们，认为他们为自己的人生树立了榜样，带来了启迪；而戈登，据记载，则感谢母亲是自己"最亲近、最强大

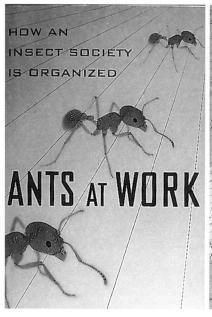

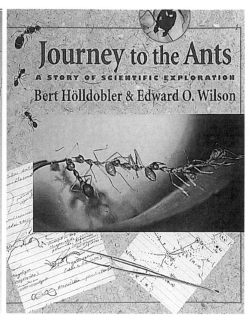

的良师益友"[1]。至少，她和威尔逊选择这一职业都是出于同一个简单的动机：渴望接近大自然，研究那些最早在童年时代就吸引自己的生灵。戈登也把音乐、历史和哲学视为可供替代的职业。她轻松地评论说，不管选择哪种职业，她"都不希望每天不得不梳妆打扮、穿难受的鞋子，[但]希望把时间花在讨论思想而非金钱上"。戈登的第一本书《工作中的蚂蚁》（*Ants at Work*，1999）出版于 1999 年，在读者中引起了相当大的兴趣，也备受称赞。

不论是否故意，戈登在 1994 年率先开火了。她在《自然》杂志上撰文，评论威尔逊那本《蚂蚁的故事：科学探索见闻录》（*Journey to the Ants*，1994，与贝尔特·荷尔多布勒合著），文章以一句语带讽刺的赞美开头："荷尔多布勒与威尔逊之于

（左图）德博拉·戈登所著《工作中的蚂蚁》的封面。

（右图）贝尔特·荷尔多布勒和爱德华·O. 威尔逊合著的《蚂蚁的故事：科学探索见闻录》的封面。

蚂蚁，正如李维*之于牛仔裤。"具有讽刺意味的是，两位合著者的出版商在该书的封底印上这句评论，认为潜在的读者会把这视为推荐词，觉得这本书通俗易懂。不过，通读戈登的整篇书评，就会发现她表达了截然不同的内涵：将威尔逊笔下的蚂蚁解读为与全球资本主义统治相联系的单一性和残酷性。

戈登写道：

> 蚂蚁们（在《蚂蚁的故事》中）总是对自己做的事情了然于心。它们不会浪费光阴去胡闹，它们的职责和命运都一目了然。它们"冷酷无情"而"狂热盲从"，是"自我牺牲的……奴仆，像计算机一样按照预先设定的程序采取一致行动"，是"一帮工厂工人"，而且"近乎忠贞不贰"……它们被自然选择之手领入奴役状态。[2]

紧接着，戈登还暗示了女权主义对威尔逊社会生物学的批评，发人深思地引用后者对蚁后的描写——它是个"'无度索取的乞丐''心理脆弱'且生理无能"。

在戈登对该书（她也从中看到了大量的美、魅力和有价值的教诲）的诸多保留意见中，其核心是认为两位作者过度倾向于把蚂蚁的行为视为固定不变，并且做得很成功。她评论说，其他生物学家发现，研究"蚂蚁蠢笨无能的功能"会更有启发性。戈登在别处声称，往往正是蚂蚁行为中的随意性，让它们对变化的环境做出短期的反应，并发展出长期的适应行为。她暗示，当环境或生态平衡发生改变时，行为固定的蚂蚁是很容易被自然选择击中的活靶子。

* 指德裔美国人李维·施特劳斯[Levi Strauss：1829-1902年]，他于1853年在美国加州创立了全球首家生产牛仔裤的公司，使得这种裤子得以普及。

1996 年，戈登再次在《自然》杂志（要跳出自己的专业，参与整个科学界的论争或研究，它也许是最优秀且最负盛名的载体）上撰文，进一步论述自己的批评意见。[3] 这篇文章是对有关昆虫群体组织的研究所做的评论，它利用威尔逊及其同事的主张作为假想对手，以此衡量最近的一些研究项目。戈登的评论围绕如下问题展开：是什么因素让工蚁执行某项特定的任务而非其他任务？她写道，从 20 世纪 70 年代直至 80 年代中期，"研究都强调，是个体的内在因素决定了它的任务"。这个时期当然覆盖了社会生物学的全盛期，戈登举出威尔逊参与合著的一本书作为该思想流派的典型。

戈登声称，老一辈的蚁学家错误地理解了蚂蚁的各种内在行为因素，如多态性，即蚁穴中会出现不同形状和大小的工蚁，每种形态都适合且专注于某项特定的任务。以前认为，对蚂蚁的职业产生主要影响的其他因素是其年龄——随着工蚁变得更老，它的职责也会改变——或遗传。戈登写道，现在的研究者不再聚焦于此类内在因素，而是正确地转而考虑刺激蚂蚁行为的外在因素。为了支持这种主张，她引用了一些通过干预蚁群的组织结构来扰乱工蚁行为的实验。研究者们取走部分工蚁，或以其他方式改变蚁穴环境，就能改变工蚁的职责，从而证明它们并非盲目地遵照内在程序，仅仅专注于一件事情。戈登继续从更理论化的层次上，讨论影响工蚁行为的外在因素到底存在什么潜在的不同模式。其中的主要选项有两个：其一是跟其他工蚁的互动作用，这是一种自然的反馈回路；其二是直接的环境影响。她得出结论：要确定这些自然因素之间的平衡点，还需要更多的实验。

威尔逊的盟友很快做出回应，反击这些针对其崇拜对象的批评。1998 年，当《自然》杂志发表一篇有关戈登所著作品的书评时，那位作者便借机攻击她，并为威尔逊辩护。[4] 该作者声称，威尔逊从未提出把蚂蚁的分工仅仅归结于多态性。然而，戈登自己却在她 1996 年发表的论文里承认，"大多数研究者都不再考虑在先天特化的品级中进行劳动分工的观点"，而她的概括只是"为有关任务分配的研究提供了一个起点"。不过，显而易见的是，普通读者会从威尔逊著作中获得此类简单化的理解。例如，威尔逊在 1985 年的"坦斯利讲座"*中解释说，蚂蚁能在生态上获得成功，是因为"单个蚂蚁能够专攻特定的步骤，从一个目标（如·只等待喂食的幼虫）转移到另一个（第二只等待喂食的幼虫）"[5]。毕竟，那些可能对此产生错误理解的非专业读者，正是戈登在《工作中的蚂蚁》——即该书评作者正在评论的著作——里针对的目标。

那位书评作者还斥责戈登在其著作中把蚁后并非蚁穴统治者当作新闻。通过为撰写拙著所做的调查研究，我可以证明，大部分普通公众的确不熟悉这个事实，而戈登的书正是为他们而写的。那篇书评的作者不可能意识不到他这种指责的荒谬性，学界从 19 世纪以来就已经知道蚁后没有权力。于是，不知不觉地，他的观点陷入了对那些为无知大众撰写的科普著作的嘲笑，并且轻蔑地承认，戈登那种解释适合"天真的读者，他们的知识不会超越电影《小蚁雄兵》"。（与此同时，戈登则认为《蚂蚁的故事》是针对"受过良好教育的外行读者"而写的书。）

批评者与批评对象之间唇枪舌剑的批驳与反驳表明，他

* 英国生态学学会每两年选出一位杰出的生态学家，举行一次"坦斯利讲座"，它得名于英国生态学家亚瑟·乔治·坦斯利爵士。威尔逊的那次讲座的题目是《以蚂蚁为例探索生态成功的原因》（"Causes of Ecological Success: The Case of the Ants"）。

们争论的并非只是客观事实。托马斯·库恩（Thomas Kuhn）以来的科学史家一直强调，能够归纳于逻辑的科学分歧寥寥无几。在接下来的这部分，我们将把一些不言而喻的文化差异推向前台。在威尔逊笔下，蚂蚁的本性都是预先注定的。在戈登对这种观点的攻击后面，隐藏着第二层含蓄的批评：威尔逊暗地里崇拜蚂蚁是因为其严密的组织管理，并把它作为人类的榜样来加以推荐。换句话说，她指责威尔逊在其研究的动物中夹带了军国主义价值观的私货。戈登写道："不可避免地，（荷尔多布勒和威尔逊）描述蚂蚁的方式跟他们制订的研究计划一致，该计划致力于阐释这样的幻想，即蚂蚁秩序井然的社会以遗传的等级制度为基础。"当然，对于威尔逊在措辞和比喻方面的选择，她的分析很有代表性，也很有说服力。科学史家或社会学家会赞成戈登的评价——并把它延伸到她自己的工作中去。[6]戈登的评论凸显了她跟威尔逊在研究方法上的差异，表明在科学实践中，以及在对待性别、劳动和社会的态度方面，她的工作具有不同的视野。

论争的背后：研究方式

仔细阅读《蚂蚁的故事》和《工作中的蚂蚁》，就会发现二者对科学研究的阐释各不相同。两本书的题目本身也能暗示这方面的差异：对威尔逊来说，蚁学是英勇无畏的猎人的追求；对戈登来说，这是耐心观察蚂蚁日常生活的活动。威尔逊经常鼓吹标本采集中狂热的一面，在下面的引文中，他在沙漠中做耐心的调查研究：突尼斯的动物学家研究蚂蚁如何把来自蓝天的偏振光用作指南针，指引它们在弯弯曲曲的小道上前进。

描述了年轻时到南太平洋地区探险的部分经历：

　　有时，我害怕发生致残事故……但最害怕的是那难以名状的未知世界。我会因为肢体残障* 还是缺乏意志而失败？我是不是应该退缩？……我到底为什么来这里？就为了表明自己是第一个在萨拉瓦格特山** 中央登山的白种人吗？……我来到萨拉瓦格特顶峰的这部分区域，成为第一个在这片高山稀树草原上徒步的博物学家，并在那里收集动物标本，我想获得这种独特的经历。[7]

从威尔逊的自传中，读者会感觉到，如果不是因为一只眼睛失明导致他无法参军，他很可能宁愿做个军人。他怀着矛盾的心情，对自己的身体状况无法释怀：有时，蚂蚁受到贬低，说它们适合身体和精神状态有缺陷的人研究；有时，其研究者又被描述成需要 19 世纪探险家那样的勇气和坚韧。相比之下，戈登从未扮演冒险家戴维·利文斯通（David Livingstone）* 的角色。相反，她研究的物种数量相当少，所处的环境也没有多少异国特色可言。她最持久的研究延续了 20 多年，主要针对一种收获蚁，而且研究的地点只是一片 10 公顷左右的土地，属于美国亚利桑那州的一个养牛牧场。可以毫不夸张地说，这是二者研究风格形成鲜明对比的地方，关于其研究的相对价值，由此激起的反应也构成强烈的冲突。

* 19 世纪苏格兰探险家，在前往非洲传道的同时，也成为一位伟大的探险者，是维多利亚瀑布和马拉维湖的发现者。

一只收获蚁（跟戈登研究的种类类似）叼着一枚蓟的种子。

180

在《自然》杂志上那篇有关《工作中的蚂蚁》的书评中，作者鄙夷地提出，戈登这本书仅仅基于"大约 300 个属的蚂蚁中的一个属"，因此在蚂蚁的行为方面"没有代表性"。针对戈登的研究方式，评论者还不无非难地说，在亚利桑那州的帕拉代斯（Paradise，天堂），居民们已习惯了戈登及其研究人员"在（他们）中意的那个研究地点"上"爬来爬去"。这种描述暗示了一幅接近于郊区的风景，以及一片微不足道的土地，甚至那个小镇的名字也暗示，其研究就像在人类堕落前的伊甸园里那么轻松。但实际上，帕拉代斯并不是距实验地点最近的城镇——波特尔才是。这跟威尔逊在"难以名状的未知世界"中采集多种蚂蚁标本的旅行相差甚远。戈登或许含蓄地谴责威尔逊及其蚂蚁们"冷酷无情"而"狂热盲从"。相反，在威尔逊那种洪堡式博物学的世界中，戈登也没能用男性不可或缺的探索和自我牺牲之火，来炼铸她的知识。

在工作的规模和实施方面，戈登和威尔逊各自的研究项目也不同，这或许可称为单物种生态学和宏大叙事的差异。尽管他们俩都对蚂蚁的行为做了详细的研究，但威尔逊的最终目标一直都是从其发现中创造出宏大的进化叙事；戈登虽然对进化感兴趣，不过，在利用其研究得出放诸四海皆准的结论或比较动物学结论时，她却更加谨慎。[8]

如果科学家们像这场论争中那样，对于什么是可靠的研究方式无法达成一致，那么一个阵营创造的"事实"就无法说服其对手，因为对方会抵制他们用以确立事实的方法以及追求的目标。

论争的背后：蚂蚁的本质

　　正如戈登和威尔逊对研究者的角色有着各不相同的看法，他们对蚂蚁本身的看法也相去甚远。其分歧在于认为蚂蚁行为是固定的还是灵活的，是随意的还是有目标的。这种区别

一幅 1954 年的画，描绘了勤劳的收获蚁。

部分地来自他们从蚂蚁身上解读出的不同劳动和社会价值观。

两位蚁学家都分别用一种行为定义蚂蚁的生活处境，对戈登来说，那种行为是工作，她那本书的题目便得名于此；对威尔逊来说，那种行为是战斗。《工作中的蚂蚁》鲜少论及蚂蚁的冲突，只有一章描述了一个蚁群如何设法处理它们跟邻居之间的互动，以避免在成熟期发生冲突。另一方面，威尔逊则把黄猄蚁"长期的边境小冲突"当作常规，声称：

> 蚂蚁……大概是所有动物中最具侵略性、最好战的。它们在有组织的恶意行为方面远远超过人类。相比之下，我们这个物种简直算得上和蔼可亲了。蚂蚁的外交政策的目标可以概括如下：没完没了的侵略，领地征服，以及随时对邻居实施种族灭绝式的大破坏。如果蚂蚁拥有核武器，它们或许会在一周之内毁掉地球。[9]

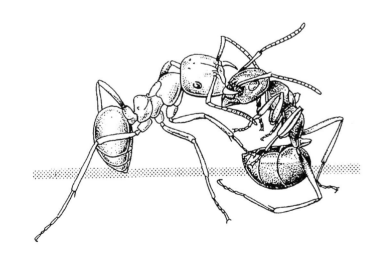

在威尔逊看来，争斗是蚂蚁的正常行为。这幅 1994 年的素描，画的是一只悍蚁属（*Polyergus*）的工蚁在掠夺奴隶的战斗中攻击一只丝光褐林蚁（*Formica fusca*）的工蚁。

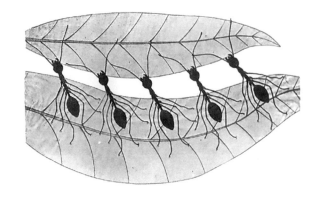

蚁学家福勒尔怀着乌托邦理想，描绘了黄猄蚁齐心协力的和平劳动。然而在威尔逊笔下，它们则是好战之徒。

　　尽管两位研究者在谈到自己的描述时，都会承认其他蚂蚁物种的行为会有所不同，但他们仍然各自选择蚂蚁的一个特定特征作为原型，这一选择揭示了他们各自有关蚂蚁"正常"行为的范例。不能幼稚地把他们对样本的选择跟他们自己的行为联系起来。威尔逊每天的生活远远说不上好斗，却以美国南方人老式的谦恭有礼而著称。即便如此，我们也必须援引他文化背景中的某些因素，解释他为何不可抗拒地将蚂蚁的冲突理解为观察中永久的框架。

　　戈登和威尔逊对工蚁协作劳动的处理也明显不同，分别类似于系统的自动生成和马克思所说的从属关系。戈登经常强调工蚁缺乏自上而下的控制："关于蚁群，有个不可思议的基本事实，即其中不存在管理。"[10] 这样缺乏明显组织的现象意味着，从蚂蚁个体来看，它们缺乏目的性或者说目标导向。每只蚂蚁都"（不）知道，要完成蚁群中的任何工作，必须做些什么"。当然，威尔逊并不认为蚁后或其他任何蚂蚁会发号施令，或者，当蚂蚁们忙于自己的事务时，脑子里有任何目标。然而，正如戈登指出的那样，在威尔逊笔下，蚂蚁会按照一个"冷酷无情"的奇怪焦点活动。这么说是因为，威尔逊在研究时，脑子里似乎想着一个终极的独裁者，最终的目标确定者，也就是自然选择。[11] 威尔逊写道，在为这个主人服务时，蚂蚁是高效率的共产主义者：

> 在我们看来，蚂蚁之所以作为统治世界的群体而兴起，其竞争优势就在于它们高度发达、自我牺牲的殖民生活。似乎社会主义确实能够在某种环境下实现。卡尔·马克思只是选错了物种。[12]

如果考虑威尔逊的社会保守主义，也就是他在冷战期间工作、生活的产物，就不难解释他为何给自己的研究选择这样的主导比喻。

正如我指出的那样，戈登那个体系内的组织并非主要起源于其成员的基因，恰恰相反，它依赖的是若干外在因素。对戈登来说，这些因素中最有趣的似乎是蚂蚁和蚂蚁之间的互动。例如，一只蚂蚁碰见觅食的同伴的频率，会决定它自己参加这项活动的概率。简言之，蚁群的组织产生于这个系统内部。戈登对于启发她这种思维方式的因素直言不讳：那是人工智能理论和计算机系统。[13] 正如前一章所述，戈登属于那一代欣赏霍夫斯塔德及其同类哲学家的人，以他们的工作作为蚁学研究的跳板。戈登参与研究其他学科的自信态度，跟威尔逊形成鲜明对比。威尔逊自从入行以来，面对分子生物学的挑战，就不得不努力奋斗，证明"传统生物学"的重要性。詹姆斯·沃森（James Watson）是 DNA 结构的发现者之一，也是威尔逊在哈佛的一位同事。沃森嘲笑说，如果这所大学真的想推动进化方面的研究，那么他们聘用一位生态学家，无疑是"疯狂之举"。因此，威尔逊不太愿意参与其他学科的研究。

戈登提到隐藏在人工智能理论中的一个非常有趣的设想，对她的工作影响深远。这一设想的模式基于这样一种理解，即系统中的每个成员，网络中的每个节点，都是平等的，或者说是同质的。[14] 不难看出，这个设想如何将戈登解放出来，使得她重新思考蚁穴的组织，并假设工蚁能够按照需要来转换任务。与之对立的，是威尔逊笔下那些蚂蚁严格的任务分配，他的那些"工厂工人"，尽管他并不曾明确地把它们描述成在生产线上的不同位置操作。[15] 威尔逊的观点很容易被人解读为寡头政治，而戈登的则被解读为对无政府主义的肯定。当然，这种状况跟那些认为威尔逊的《社会生物学》具有所谓的"性别歧视"和"种族主义"倾向的批评一致，据说该书牵强附会地赋予大自然多种不平等现象。

对待这些彼此冲突的态度，很容易把它们理解为其作者的文化背景的产物：一面是南方腹地的价值观和哈佛的精英主义，另一面是加利福尼亚北部的理想主义。（戈登自己更倾向于把她的态度追溯到信奉政治自由主义的纽约地区，她的成长之地。）这种对比也让人想起不同时代有关职场的不同观念。威尔逊的时代倾向于认为人应该终生从事一种职业。事实上，他和他的"宿命"就是这种例子，从他在哈佛开始这一行的那天起，就预示着那是终生选择。戈登的蚂蚁可以被重新安置和分配任务，或许也表现了她自己对职场（对女性也更开放了）的理解。尽管两位蚁学家都认为蚂蚁没有意识，但戈登更喜欢谈论蚂蚁的"经历"，而威尔逊则倾向于关注整个蚁群体系的各种目标。这种微妙的区别或许暗示着，戈登对（女性）个人在世界上的身份更自信，这个世界不是由与她对峙的超级力量定义的，而是一个职业世界。不管出于什么原因，有一点几乎毋庸置疑，即戈登的生物学以群体成员的平均主义体系为基础，而威尔逊显然强调群体的品级分层。

因此，在所有这些方面，两位蚁学家"描述蚂蚁的方式，都跟他们创造的研究项目一致"。

《小蚁雄兵》如何阐释这场论争

电影《小蚁雄兵》（1998）有助于理解这场争论，将其重要意义与其背景一并加以考虑，也为前文勾勒出的那些不言而喻的文化成分进一步提供了证据。我没能找到证据证明该片制作人熟悉当时在蚁学界展开的这场争论的细节。这实际上让该案例更加令人信服，说明该片和这场争论拥有共同的文化背景，正是对新的工作价值观的质疑，鼓舞了梦工厂的民粹主义世界和社会生物学的深奥世界。

电影讲述了这样的故事：芭拉公主厌恶身为王室成员的命运，屈尊纡贵地来到工蚁的酒吧，与蚂蚁 Z 邂逅，后者立刻爱上了公主。为了再次见到她，Z 跟兵蚁朋友韦弗交换位置，与其他所有兵蚁一起，参加了皇室成员的阅兵仪式，奢望芭拉能从一列列士兵中看到他。Z 的乐观主义徒劳无益，而且很快就和整个军队一道被送往沙场。这场武装冲突受到邪

交换位置。在电影《小蚁雄兵》中，工蚁 Z 成为兵蚁，兵蚁韦弗成为工蚁。

恶的曼德柏将军操纵，他想杀死所有忠实于蚁后的兵蚁，预备发动政变，并让芭拉成为他（不情愿的）配偶。Z 是那场战役中唯一的幸存者，作为英雄凯旋而归——这让曼德柏颇为懊恼。随后，他们在王宫发生对峙，结果 Z 拽着芭拉逃跑，跟她一起掉进垃圾道，来到外面的世界。他抓住机会，与芭拉一道出发寻找传说中的"昆虫乌托邦"，这是他从别处听说的地方。曼德柏派出军队追捕这对蚂蚁，并继续推进其计划，通过引水淹没蚁穴来杀死工蚁。芭拉被曼德柏的军队抓住并带回蚁穴，她在这里发现了曼德柏的阴谋。Z 跟着芭拉，很快也到达蚁穴中。蚁穴被水淹没，但 Z 说服工蚁，共同用身体搭建起一座逃生塔，通往上面的地表。所有蚂蚁都获救，曼德柏将军失败，而 Z 当然也赢得了公主的芳心。

奇怪的是，这部电影的核心情节，跟某种类似于灵活分配任务的东西有关。尽管影片不涉及工蚁中的品级和行为多样性等微妙问题，但故事情节的催化剂正是 Z 和韦弗的交换位置即工蚁和兵蚁互换。这也是让其他蚂蚁备感困惑和愤怒的一个原因。韦弗在岩壁上的同事责怪他干活儿太卖力；芭拉的母亲因为公主跟工蚁搅和在一起而怒不可遏。在王宫爆发的那场冲突更是让他们勃然大怒：他们发现这个所谓的战争英雄居然是一只工蚁。每个当权者似乎都觉得这是对他们的个人侮辱，结果，蚁群中的其余成员便威胁发动叛乱。

从更普遍的意义上说，该片探索了个人选择的问题。从电影开头的独白到片尾的画外音，片中的人物一次次地回到这个主题。Z 希望自己做出选择，这个愿望得到公主的回应。"每个人都有自己的位置。"她母亲告诉她。"如果我不喜欢自己的位置呢？"芭拉追问道。当 Z 的朋友在白蚁战场上奄奄一息地告诉他："别再犯我这样的错误，别再一辈子都唯唯诺诺。要独立思考。"他的态度变得更加坚决。曼德柏派手下的蚂蚁到昆虫乌托邦去抓芭拉，她恳求这只蚂蚁不要对他唯命是从："就这一次，你就不能独立思考一次吗？"芭拉和 Z 前去挫败曼德柏水淹蚁穴的阴谋，无望地劝说工蚁不要奉命挖穿那道挡住湖水的墙。"停止挖掘！"Z 乞求道。"这是谁的命令？"监工问道。"你自己的命令。"恼怒的 Z 反驳道。

那么，该怎样理解梦工厂这部有关个性的寓言呢？令人惊讶的是，至少有一位评论者论及该片的"马克思主义宣传"。[16]影片给他留下深刻印象的可能是这样一个事实：在所

"唯有工作令人知足。"《小蚁雄兵》的蚁群中有许多这样的标语，突出了影片的工作主题。

有那些有关个人选择的花言巧语之后，挽救蚁群的是一种共同的努力。在这段插曲中，Z 似乎接受了集体主义，宣称"我们是一个群体！"此外，Z 向往的昆虫乌托邦，个人主义的福地，其实不过是公园里的一个垃圾筒，四周散落着腐败的食物。可以想象，如果让威尔逊来写影评，他写出来的可能就是这样，很不情愿地在他热爱的昆虫中发现社会主义。衬托着这种阐释的，是影片对集体大众，对上百万只蚂蚁排成一列列起舞，以及他们被曼德柏的煽动轻而易举地说服，所表达出的温和鄙视。如果考虑影片的这些方面，从马克思主义的角度解读就显得自相矛盾。

看待这部电影还有一种更明显的方式，即把它视为对戈登立场的夸张表现：对个人主义和个人自由的赞美。正如 Z 在末尾的调侃那样，该片讲述的是"平凡的男孩邂逅心仪的女孩并进而改变潜在社会秩序的故事"。他的独特之处，从他找到真爱，颠覆蚁群的集体暴政，到在现实中践行他无数次发自肺腑的演说中鼓吹的观点，都得到证实。

但我认为这并非正确的阐释。尽管 Z 的蚁群严厉苛刻，其中的许多成员具有无产阶级的特征，不过它并非彻头彻尾的旧式独裁。从开头那种类似于道琼斯指数线条的天空轮廓线开始，影片有多处巧妙地认可了现代职场。例如，Z 在酒吧里抱怨，他无法对自己遇到的任何工蚁女孩产生兴趣："她们是职业女性……她们沉迷于挖掘。"有个工蚁监工在当场抓住韦弗聊天后警告他说："任何无法完成工作定额的蚂蚁，都会被降职。"最明显的一处是，当工蚁们在开始一项工作前给自己打气时，他们会反复高呼："You got it！"这曾经是"汉堡王"公司的座右铭,每次一位雇员越过柜台把什么食物递给顾客时,都会不太情愿地咕哝这句话。

因此,我认为,冷战时期那种由集体主义与个人主义构成的坐标轴,并非衡量《小蚁雄兵》的正确标准。更确切地说,这部电影反映了现代人的职场经历,以及它在多大程度上为人提供了身份认同。在 20 世纪 50 年代、60 年代和 70 年代,人们总觉得劳动需求会很快降低。有人信心满满地预测,到了 21 世纪,随着机械化程度越来越高,人类会逐渐从工作的需要中解放出来,只剩下所谓的"闲暇问题"——如何打发所有那些空闲时间。[17](当然,正是在这个时期,蚂蚁为人工智能的产生带来了灵感,它们,或者说它们的机器对等物,将成为我们未来的苦力。)然而,随着 2000 年的迅速到来,我们非常清楚这样的预测有多不靠谱。在西方,尽管至少白领工作从体力上说不再具有压迫性,但在短期共享价值方面却

在伦敦的千禧年穹顶里展出了左图中那样的切叶蚁。就像其他展览一样,它们也是用来启发和激励现代公民的。

192

产生了新的奴役。随着公司董事会参与比以前更快的收购、清算与合并，这种奴役便导致了管理咨询的专制。随着众多公司在一夜之间崛起、重组或消失，个人开始更加频繁地跳槽。也许是因为跟上时代变化需要额外的精力（或者因为变化导致每天效率低下），除了那些收入最低的工作之外，所有行业的日工作时间都变得越来越长。"我是一位泥土重置工程师，"Z 沉思着，模仿职衔货币市场上滑稽的通货膨胀现象，自从人们为了自己"灵活"的职业，每半年就需要制作工作简历以来，这种情况就出现了。就像戈登笔下的蚂蚁一样，新时代期望人们参与灵活的任务分配，或者，用 IBM 公司的话说，成为"变革推动者"[18]。

历史学家尼古拉斯·罗斯（Nikolas Rose）在其论文《被迫的自由》（"Obliged to be free"）中，为这种基于工作的崭新身份，树立了一个范例。他这个论文标题使用矛盾修辞法，恰到好处地捕捉到一个令人困惑又自相矛盾的教条，它迫使个人通过消费者的"选择"来确立自己的身份，或者为仍然统治职场的"抢座位游戏"付出代价。有人也许会指向一种越来越大的压力，它迫使人们在职业中寻求认同：为工作场所带来态度与活力。将这些思想意识结合起来，就会产生一个不言而喻的荒谬结果：工作的目的就是为了赚钱买一身名家设计的工作装。Z 就顺着这些思路来思考，试图用这样的想法鼓励自己："我虽然无关紧要——但我有态度！"[19]《小蚁雄兵》中还有一条工蚁的标语，恰如其分地说明了这种类似于获取名家设计服装的自我管理。"融入巨球！"他们一边叫喊着，一边组成一个活生生的爆破机器。他们的喊叫反映了最近出现的上百种推销策略，如卡文克莱香水的"自在"（Be）和耐克的"路在脚下"（Just do it）。

在电影末尾，随着镜头向上摇，露出真正的纽约空中轮廓线，Z 对该片的总结将来自动物世界的寓意用于人类世界，仔细想来，他的结论很难令人满意：

> 你知道，我终于觉得自己找到了自己的位置。你猜咋的，它就在我开始的地方。但区别在于，这次是我的选择。

Z 根本没有真正改变蚁群的社会结构，他只是作为曼德柏将军的法定继承人，取代了后者的位置。他相信是他选择了这种命运，但我们没有理由相信其他任何蚂蚁也会亲吻公主。就像历史学家罗斯笔下的工人一样，Z 通过认同虚假的选择，教自己接受了社会约束。

蚂蚁和预感

我认为戈登和威尔逊的争论并未解决，基于同样的原因，我也认为《小蚁雄兵》的阐释含糊其词。劳动者的灵活适应性确实是我们当下的主导准则，但我们不敢肯定自己是否喜欢它。未来也同样不可确定。谁将赢得这场蚁学论争？再过 10 年、20 年或 50 年，事实真相又会变成什么样子？

既然科学家也是人，那么，他们的文化就决定了他们会

* 法国哲学家，行动者网络理论的创立者之一。

提出什么问题，寻找什么现象，以及利用什么比喻和模型来描述它们。换言之，任何科学论争都无法在与世隔绝的封闭实验室内解决。正如布鲁诺·拉图尔（Bruno Latour）*所言，"事实"是在争论结束时确定的，而不是用来解决争论的。要预测未来会对工作中的蚂蚁做出何种阐释，并不比预测我们对人类劳动的态度更容易。事实上，历史已经说明，后一种争论的结果很可能会决定前者的结论。我曾经（在第六章）提出，跟信息理论和人工智能相联系的方法论和文化因素，塑造了最近的一些蚁学论争，我认为，在未来，它可能也会部分地取决于这些因素。首先，老一辈蚁学家最终将离开人世，没有一个会留下来跟技术爱好者们争论。其次，目前信息技术还没有停滞不前的迹象。只要人造系统中还有新发展，就会启发人们在自然界中探索这些事情——利用新技术来模拟蚂蚁的行为。

人类对蚂蚁的认识构筑于文化之上，作为人类中的一员，我对它们的未来充满兴趣。

大事年表

约公元前1亿—2亿年	约公元前6 500万年	约公元前2 500万—4 000万年	公元前900年
原始的蜂蚁开始在劳亚超大陆（含现在的欧洲、亚洲和北美洲）演变出社会生活形式。与此同时，在冈瓦纳大陆（包括现在的非洲、南美洲、澳大利亚和南亚），其他原始蚂蚁也已经出现，如今仍可在澳大利亚找到其后代，它们几乎没有多大变化。	蚁科的所有主要世系均已形成，它们包括现代的全部蚂蚁类型。	蚁科成员扩散到除南极洲外的整个地球。	所罗门建议他那些懒惰的读者效仿蚂蚁。

约1250年	1519年	约1600年	约1734—1742年	1747年
大阿尔伯图斯（Albertus Magnus）在其动物学专著《论动物》（De Animalibus）中，给动物寓言的传统描述增添了新观察到的蚂蚁行为。	据贡萨洛·奥维多（Gonzalo Oviedo）在《印度自然通史》（Historia generaly natural de las Indias, 1535）中的记载，伊斯帕尼奥拉岛"受无数蚂蚁侵扰"，两年后才最终依赖"圣萨图奈恩的仁慈与调停"，将它们击败。	欧洲人开始把糖放在碗橱里保存。	勒内·安托万·费尔绍·德·雷奥米尔撰写出有关蚂蚁的著作，但并未出版。这是其昆虫系列著作中的第七部，也是最后一部。	威廉·古尔德撰写《英国蚂蚁》。

约1918年	约1920年	1935年	1954年	1963年	1966年
火蚁亚属的红火蚁侵入美国，首先到达亚拉巴马州的莫比尔。	阿根廷蚂蚁在欧洲建立起超级蚁群。	德国以早先的指导方针为基础，立法禁止杀死林蚁，理由是它们有助于"森林卫生"。	在电影《巨蚁》中，巨大的蚂蚁威胁着美国。	威廉·汉密尔顿（William Hamilton）提出亲缘选择说，以此解释蚂蚁中不育的工蚁在进化方面的成功。	美国新泽西州的一对退休夫妇在琥珀中发现蜂蚁，它是蚂蚁和胡蜂之间在进化上的缺环。

公元前800年	公元前600年	公元前440年	公元前380年	公元350年
赫西俄德记录宙斯将蚂蚁变成男人和女人，作为埃阿科斯的伙伴。	伊索在寓言中勾勒出蚂蚁的形象。	希罗多德在《历史》中记录，印度有一些比狗略小但比狐狸更大的蚂蚁。	柏拉图在《斐多篇》中将未受教育的勤劳公民看作蚂蚁转世。	根据圣杰罗姆（St Jerome）那本《马勒古的生活》（Life of Malchus，391），蚂蚁启发马勒古回到他的修道院，那里就像蚁穴一样，omnium omnia sunt（拉丁文，意为"一切皆如此"）。

1810年	1874年	19世纪90年代	1905年	1910年
皮埃尔·休伯撰写《本地蚂蚁习性研究》（Recherches sur les Moeurs des Fourmis Indigènes）。他在研究中跟失明的父亲弗朗索瓦·休伯（François Huber）合作。	奥古斯特·福勒尔在《瑞士蚂蚁》（Les Fourmis de la Suisse）中，首次将蚂蚁的分类学和行为学研究结合起来。	阿根廷蚂蚁随着运输咖啡或糖的船只，从阿根廷进入美国，随后扩散到整个加利福尼亚州和南方各州。	H. G. 韦尔斯发表短篇小说《蚂蚁帝国》。	随着《蚂蚁》（Ants）一书的出版，威廉·莫顿·惠勒把蚁学（其英文myrmecology是1906年前后新造的词）作为一门严肃的学科建立起来。他提出蚁群是有机体的概念。

20世纪70年代	1975年	1991年	1991年	1998年	2000年
人们开始把蚁群和计算机拿来做比较。	E. O. 威尔逊在其颇具争议性的生物社会学中，利用蚂蚁的行为作为范例，让蚂蚁名声大振。	研究者开发出虚拟蚂蚁和蚂蚁机器人，解决电信和太空探索中出现的问题。	贝尔纳·韦伯出版他风靡一时的畅销小说《蚂蚁帝国》。	伍迪·艾伦在由他配音的《小蚁雄兵》中思索人类工人的角色。《虫虫特工队》重述了伊索寓言中蚂蚁和蝗虫的故事。	在加利福尼亚州，阿根廷蚂蚁的超级蚁群大获全胜，这被归功于具有遗传亲缘关系的蚁穴之间前所未有的合作。

注 释

第一章　前言

[1] http://home.att.net/~b-p.truscio/stranger.htm.

[2] René A. F. de Réaumur, *The Natural History of Ants, trans.*W. M. Wheeler (New York, 1926), p. 131.

[3] Réaumur, *Natural History of Ants*, p. 222.

[4] Edward O.Wilson, *Naturalist* (Harmondsworth, 1995),p. 287. 中译本参阅：《大自然的猎人：生物学家威尔逊自传》，[美]爱德华·威尔逊(Edward O. Wilson)著，杨玉龄译，上海科学技术出版社，2006年版。

[5] 欲了解各种各样的蚁学知识，最好的入门书籍是：Bert Hölldobler and Edward O. Wilson, *Journey to the Ants: A Story of Scientific Exploration* (Cambridge, MA and London, 1994). 中译本参阅：《蚂蚁的故事：科学探索见闻录》，[德]贝尔特·荷尔多布勒(Bert Hölldobler)、[美]爱德华·威尔逊著，夏侯炳译，海南出版社，2003年版。本章有大量内容引自该书。两位作者早期合著的一本书*The Ants* (Berlin and Heidelberg, 1990)获得了普利策奖，其内容包括了这些昆虫的几乎每个方面，都是读者希望了解的东西。

[6] Abraham Lincoln, *Collected Works of Abraham Lincoln*, ed. Roy P. Basler (New Brunswick, NJ, 1990), vol. II, p. 222.

[7] Hölldobler and Wilson, *Journey to the Ants*, Preface.

[8] Charlotte Sleigh, 'Brave NewWorlds: Trophallaxis and the Origin of Society in the Early Twentieth Century', *Journal for the History of the Behavioral Sciences*, XXXVIII (2002), pp. 133–156.

第二章　仆从千千万

[1] Henry Mc Cook, *Ant Communities and How They Are Governed: A Study in Natural Civics* (New York and London, 1909), p. 11.

[2] Auguste Forel, *Out of my Life and Work*, trans. Bernard Miall (London, 1937), pp. 22–23.

[3] Ibid., p. 25.

[4] E. O.Wilson, *Naturalist* (Harmondsworth, 1995), pp. 52–53.

[5] Ibid., p. 52.

[6] José Maria Sanchez-Silva, *Ladis and the Ant*, trans. Michael Heron (London, Toronto and Sydney, 1968).

[7] 所有涉及越南的参考资料均出自：Alan Farrell, 'A People Not Strong: Vietnamese Images of the Indochina War', Vietnam Generationa Journal, IV (1992).http://lists.village.virginia.edu/ sisties/HTML-docs/Texts/Narrative/Farrel-Not-Strong.html.

[8] McCook, *Ant Communities*, p. 53.

[9] Maurice Maeterlinck, *The Life of the Ant*, trans. Bernard Miall (London, Toronto, Melbourne and Sydney, 1930), pp. 60 and 149–150.

[10] Forel, *Out of my Life and Work*, pp. 21–22.

[11] *Los Angeles Times*, 30 June 2002.

[12] Susan Stewart, *On Longing: Narratives of the Miniature, the Gigantic, the Souvenir, the Collection* (London, 1984).

[13] E. van Bruyssel, *The Population of an Old Pear-Tree; Or, Stories of Insect Life* (London, 1870), p. 17.

[14] Ibid., p. 50.

[15] Arthur O. Lovejoy, *The Great Chain of Being: A Study in the History of an Idea* (Cambridge, MA, 1964 [1936]), p. 190.

[16] Thomas Bulfinch, *The Age of Fable*; Or, *Stories of Gods and Heroes* (New York, 1948), chap. 12.

[17] Homer, *The Iliad*, trans. E. V. Rieu (Harmondsworth, 1950), p. 298.

[18] Ibid., p. 299.

[19] Bulfinch, *The Age of Fable*, chap. 11.

[20] Aesop, *Fables of Aesop*, trans. S. A. Handford (Harmondsworth, 1964), p. 143.

[21] Adele M. Fielde, *Chinese Nights' Entertainment: Forty Stories Told by Almond-Eyed Folk Actors in the Romance of the Strayed Arrow* (New York and London, 1893), pp. 18–24.

[22] *Fables of Aesop*, p. 152.

[23] Ibid., p. 140.

[24] Ibid., p. 157.

[25] 1971年，Thomas Jangala为一个说英语的翻译演唱并录制了这首歌谣。R. M. W.Dixon and Martin Duwell, eds, *The Honey-Ant Men's Love Song and other Aboriginal Song Poems* (Queensland, 1990), pp. 52-69.

[26] Hans Heinz Ewers, *The Ant People*, trans. Clifton Harby Levy (London, 1927), p. 319.

第三章 堪为典范的蚂蚁

[1] Proverbs 6: 6–8.

[2] 不过，正如前一章所述，拉封丹确实在写作中重新使用了《鸽子和蚂蚁》的故事。

[3] Jean de La Fontaine, *The Complete Tales in Verse*, trans. G. Waldman (Manchester, 2000), p. viii.

[4] 转引自：Anon., *Lessons Derived from the Animal World* (London, 1851), vol. II, p. 235.

[5] Ibid., pp. 4–5.

[6] Ibid., pp. 147–148.

[7] 见：J.F.M. Clark, '"The Complete Biography of Every Animal": Ants, Bees, and Humanity in Nineteenth-Century England', *Studies in History and Philosophy of Biological and Biomedical Sciences*, XXIX (1998), pp. 249–267.

[8] A. S. Byatt, *Angels and Insects* (London, 1995), p. 94.

[9] Ibid., pp. 21–22.

[10] Anon., *Lessons Derived from the Animal World*, pp. 179 and 34.

[11] Byatt, *Angels and Insects*, p. 74.

[12] Ibid., p. 38.

[13] Anon., *Lessons Derived from the Animal World*, pp. 199–200.

[14] Ibid., p. 36.

[15] Ibid., p. 8.

[16] Peter Kropotkin, *Mutual Aid: A Factor of Evolution* (London, 1987 [1902]), pp. 27–33 and 235–236.

[17] Auguste Forel, *Out of my Life and Work*, trans. Bernard Miall (London, 1937), p. 340.

[18] Auguste Forel, *The Social World of the Ants Compared With That of Man*, trans. C. K. Ogden (London 1928), vol. II, p. 351.

[19] Forel, *Out of my Life and Work*, p. 332.

[20] Frederick R. Prete, 'Can Women Rule the Hive? The Controversy over Honey Bee Gender Roles in British Beekeeping Texts of the Sixteenth–Eighteenth Centuries', *Journal of the History of Biology*, XXIV (1991), pp. 113–144.

[21] Jean-Marc Drouin, 'L'Image des Sociétés d'Insectes en France à l'Epoque de la Révolution', *Revue de Synthèse*, IV (1992), pp. 333–345.

[22] Henry McCook, *Ant Communities and How They Are Governed: A Study in Natural Civics* (New York and London, 1909), pp. 156–157.

[23] Anon., *Lessons Derived from the Animal World*, p. 185.

[24] E. van Bruyssel, *The Population of an Old Tree; Or, Stories of Insect Life* (London, 1870), p. 64.

[25] Byatt, *Angels and Insects*, pp. 26–27 and 39.

[26] Forel, *Out of My Life and Work*, pp. 188–189.

[27] Hans Heinz Ewers, *The Ant People*, trans. Clifton Harby Levy (London, 1927), p. 43.

[28] Ewers, *The Ant People*, pp. 23–24.

[29] Sarah Jansen, 'Chemical-Warfare Techniques for Insect Control: Insect "Pests" in Germany Before and After World War I', *Endeavour*, XXIV (2000), pp. 28–33.

第四章　外敌

[1] Paolo Palladino, *Entomology, Ecology and Agriculture: The Making of Scientific Careers in North America, 1885—1985* (Amsterdam, 1996); Charles E. Rosenberg, *No Other Gods: On Science*

and *American Social Thought*, revised and expanded edn (Baltimore and London, 1997);W.

Conner Sorensen, *Brethren of the Net: American Entomology, 1840—1880* (Tuscaloosa and

London, 1995).

[2] 有人描述了类似的事情（如果不是同一件事情），见：Karen Blixen, *Out of Africa*

(Harmondsworth, 1980), pp. 279-282.

[3] Anon., *Lessons Derived from the Animal World* (London, 1851), vol. II, p. 205.

[4] Auguste Forel, *The Social World of the Ants Compared With That of Man*, trans. C. K. Ogden

(London 1928), vol. I, p. 259.

[5] Henry W. Bates, *Naturalist on the River Amazons* (London, 1863), vol. II, pp. 362–363.

[6] Thomas Belt, *The Naturalist in Nicaragua* (London, 1874), pp. 17–29.

[7] J. Vosseler, 'Die Ostafrikanische Treiberameise', *Der Pflanzer*, I (1905), pp. 289–302.

[8] William M. Mann, 'Stalking Ants, Savage and Civilised', *National Geographic Magazine*, LXVI

(1934), pp. 171–92. Forel, *Social World of the Ants*, vol. II, pp. 186–187.

[9] Hans Heinz Ewers, *The Ant People*, trans. Clifton Harby Levy (London, 1927), pp. vi and 77.

[10] Ibid., pp. 80–81.

[11] Quoted in Forel, *Social World of the Ants*, vol. II, pp. 186–187.

[12] Auguste Forel, *The Social World of the Ants Compared With That of Man*, trans. C. K. Ogden

(London 1928), vol. II, pp. 186–187.

[13] Ibid., p. 189.

[14] Arthur E. Shipley, 'Foreword', *Bulletin of Entomological Research*, I (1910), pp. 1–6.

[15] H. Maxwell Lefroy, with F. M. Howlett, *Indian Insect Life: A Manual of the Insects of the Plains

(Tropical India)* (Calcutta, Simla and London, 1909).

[16] Patrick Parrinder, *Shadows of the Future, H.G. Wells, Science Fiction and Prophecy* (Liverpool, 1995).

[17] H. G.Wells, *The Country of the Blind and Other Stories* (London, 1911), p. 499.

[18] Ibid., p. 512.

[19] Hugh Walpole, *The Dark Forest* (London, 1916), p. 124.

[20] Alex Bowlby, *The Recollections of Rifleman Bowlby* (London, 1999), pp. 50–51.

[21] Spike Milligan, *Rommel? Gunner Who?* (Harmondsworth, 1981), p. 61.

[22] T. H. White, *The Once and Future King* (London, 1962 [1958]), p. 119.

[23] *Oxford Encyclopedic English Dictionary.*

[24] Christopher Hope, *Darkest England* (London, 1996), p. 3.

[25] Ibid., p. 35.

[26] Ibid., p. 75.

[27] Ibid., pp. 46–47.

[28] Ibid., p. 111.

[29] Derek Walcott, *Omeros* (London, 1990), p. 31.

[30] Ibid., pp. 61–62.

[31] Ibid., pp. 128, 145–146 and 215.

[32] Ibid., p. 294.

[33] Ibid., p. 318.

[34] Ibid., pp. 243–246.

第五章　内敌

[1] Thomas Belt, *The Naturalist in Nicaragua* (London, 1911), 83–84, 151 and 329–330.

[2] Ibid., pp. 237–238.

[3] Ibid., p. 158.

[4] Ibid., p. 166.

[5] Charlotte Sleigh, 'Empire of the Ants: H. G.Wells and Tropical Entomology', *Science as Culture*, X

(2001), pp. 33–71.

[6] Belt, *Naturalist in Nicaragua*, p. 136.

[7] A. S. Byatt, *Angels and Insects* (London, 1995), p. 38.

[8] Hans Heinz Ewers, *The Ant People*, trans. Clifton Harby Levy (London: 1927), p. vii.

[9] Andrew Pulver, 'Swat Team', *The Guardian*, 27 June 1998.

[10] E. O.Wilson, *Naturalist* (Harmondsworth, 1996), p. 283.

[11] Italo Calvino, *The Watcher and Other Stories* (San Diego, New York and London, 1971).

[12] Ibid., p. 151.

[13] *Los Angeles Times*, Orange County edition, 6 November 1999.

[14] *Los Angeles Times*, Bulldog edition, 26 September 1999.

[15] Letter to *Los Angeles Times*, 29 July 2000.

[16] *Los Angeles Times*, Bulldog edition, 26 September 1999.

[17] *Los Angeles Times*, Orange County edition, 3 December 1999.

[18] Letter to *Los Angeles Times*, 29 July 2000.

[19] 'Ant supercolony dominates Europe,' BBC News Science/Tech, 16 April 2002. http://news.bbc.

co.uk/hi/english/science/tech/newsid_1932000/1932509.stm.

[20] 引文据说出自 1991 年 6 月 1 日的《商业周刊》(*Business Week*)，转引自 http://www.

ngos.net/blockers.html。不过其来源似乎系出伪造。那一周的《商业周刊》国际版（出

版日期实为 1991 年 6 月 3 日）确实有篇关于克勒松言论的封面报道，还有其他文

章论及日本制造业构成的经济威胁，但它们并未引述克勒松那些如此具有煽动性的

话，倒是《泰晤士报》(*The Times*) 上刊有此类言论。

[21] Brigitte Schulz, 'The United States and Future Core Conflict', *Journal of World-Systems*

Research, I (1995), p. 30.

[22] http://goldsea.com/Features/Parisasians/parisasians8.html (no date).

[23] Alan Farrell, 'A People Not Strong: Vietnamese Images of the IndochinaWar', *Vietnam*

Generation Journal, IV (1992) available at http://lists.village.virginia.edu/sixties/ HTML_docs/

Texts/Narrative/Farrell_Not_Strong.html.

[24] Ibid..

[25] 转引自：http://goldsea.com/Features/Parisasians/parisasians8.html（无日期）。未指明最初来源。

第六章　作为机器的蚂蚁

[1] 参阅：Aristotle, *Parts of Animals*, 641a17–641b1.10; History of Animals, 588b1.4, 588a1.24–25.

[2] Julien Offray de La Mettrie, *Machine Man and Other Writings*, ed. Ann Thomason (Cambridge, 1996), pp. 37-38. 蒙田以相反的方式，完成了拉美特利对人类傲慢提出的挑战。蒙田说，人类应该更谦卑，因为动物也是理性的。

[3] Gilles A. Bazin, *The Natural History of Bees. Containing an Account of the Production, their Economy, the Manner of their Making Wax and Honey,and the Best Methods for the Improvement and Preservation of them*, Anon (London, 1744), p.6. 该书本身是对Réaumur 那本有关蜜蜂的著作不太严谨的改写。

[4] Ibid., p. 169.

[5] Ibid., pp. 247–249.

[6] Ibid., pp. 274–275.

[7] William M. Wheeler, 'The Ant-Colony as an Organism', *Journal of Morphology*, XXII (1911), pp. 301–325.

[8] Douglas R. Hofstadter and Daniel C. Dennett, *The Mind's I: Fantasies and Reflections on Self and Soul* (Harmondsworth, 1982), p. 192.

[9] Kevin Kelly, *Out of Control: The New Biology of Machines* (London, 1994), pp. 395–397.

[10] http://www.ai.mit.edu/projects/ants/.

[11] James McLurkin, 'Using Cooperative Robots for Explosive Ordnance Disposal', http://web.mit. edu/eishih/www/courses/6.836/eodpaper.pdf.

[12] Julia Flynn, 'British Telecom: Notes from the Ant Colony',23 June 1997, http://www.businessweek.

com/1997/25/b353218.htm; S. Steward and S. Appleby, 'Mobile Software Agents for Control of Distributed Systems Based on Principles of Social Insect Behaviour', Proceedings of ICCS, ii (1994), pp. 549–553.

[13] Michael J. B. Krieger, Jean-Bernard Billeter and Laurent Keller, 'Ant-Like Task Allocation and Recruitment in Cooperative Robots', Nature, CDVI (2000), pp. 992–995.

[14] Brian Goodwin, 'All for One … One for All', New Scientist, CLVIII (1998), pp. 32–35.

第七章　暧昧的蚂蚁

[1] Ann E. Haley-Oliphant, 'Deborah Gordon: Behavioral Ecologist', in Women Life Scientists: Past, Present and Future: Connecting Role Models to the Classroom Curriculum, eds M. L. Matyas and A. E. Haley-Oliphant (Bethesda, MD, 1997), pp. 151–172.

[2] Deborah M. Gordon, 'Look to the Ant, Thou Sluggard', Nature, CCCLXXII (1994), p. 292.

[3] Deborah M. Gordon, 'The Organization of Work in Social Insect Colonies', Nature, CCCLXXX (1996), pp. 121–124.

[4] Jürgen Heinze, 'Pogo-Centricity', Nature, CDI (1999), pp. 856–857.

[5] Edward O.Wilson, 'Causes of Ecological Success: The Case of the Ants', Journal of Animal Ecology, LVI (1987), pp. 1–9.

[6] 后面的分析或许可跟最近男性和女性研究者各自在灵长类学中使用的不同方法做比较。参阅：Londa Schiebinger, Has Feminism Changed Science? (Cambridge, MA and London, 1999), pp. 126-144.

[7] Edward O. Wilson, Naturalist (Harmondsworth, 1995), p. 194.

[8] 见《生物学》（Ecology）特刊，LXXII (1991), edited by Gordon and Pamela A. Matson。Bert Hölldobler and Edward O. Wilson, Journey to the Ants: A Story of Scientific Exploration (Cambridge, MA and London, 1994), p. 59. 此外，他们还声称，"典型的"雄蚁是"精子导弹"。Ibid., p. 36.

[9] Bert Hölldobler and Edward O.Wilson, *Journey to the Ants: A Story of Scientific Exploration* (Cambridge, MA and London, 1994), p. 59. The 'typical' male ant, they moreover claim, is a 'sperm-bearing missile'. Ibid., p. 36.

[10] Deborah M. Gordon, *Ants at Work: How an Insect Society is Organized* (New York, 1999), p. vii.

[11] 对比Beer有关达尔文自然选择论的体现的讨论。见：Gillian Beer, *Darwin's Plots: Evolutionary Narrative in Darwin, George Eliot and Nineteeth-Century Fiction* (London, Boston, and Melbourne, 1985).

[12] Hölldobler and Wilson, *Journey to the Ants*, p. 9.

[13] Gordon, 'The Organization of Work in Social Insect Colonies', p. 122.

[14]Ibid., p. 122.

[15] 荷尔多布勒和威尔逊将蚂蚁称为"工厂工人"，见：*Journey to the Ants*, p. 10.

[16] Terry Richards, 'Film Reviews: Ant Z', *Film Review* (December 1998), p. 19.

[17] 参见，例如：E. P. Thompson, 'Time, Work-Discipline, and Industrial Capitalism', *Past and Present*, XXXVIII (1967), pp. 56–97.

[18] Naomi Klein, *No Logo* (London, 2000), p. 71.

[19] J. G. Ballard在其小说*Super-Cannes*中，针对这些潮流提出一个惊人的结论。他立论的前提是：在不远的将来，"工作是终极游戏"。J. G. Ballard, *Super-Cannes* (London, 2000), p. 94.

参考文献

Aesop, *Fables of Aesop*, trans. S. A. Handford (Harmondsworth, 1964).

Bolton, Barry, *Identification Guide to the Ant Genera of the World* (Cambridge, ma, 1994).

——, *A New General Catalogue of Ants of the World* (Cambridge, MA, 1995).

Bourke, Andrew F. G. and Nigel Franks, *Social Evolution in Ants* (Princeton, 1995) Byatt,

    A. S., *Angels and Insects* (London, 1995).

Chauvin, Rémy, *TheWorld of Ants: A Science-Fiction Universe*, trans. George Ordish

    (London 1970).

Fabre, J. H., *Souvenirs Entomologiques: Etudes sur L'Instinct et les Moeurs des Insectes*

    (Paris, 1879–1907).

Forel, Auguste, *The Social World of the Ants Compared With That of Man*, trans. C. K.

    Ogden (London 1928).

Gordon, Deborah M., *Ants at Work: How an Insect Society is Organized* (New York, 1999).

Gotwald,William H. Jr., *Army Ants: The Biology of Social Predation* (Ithaca and London, 1995).

Gould,William, *An Account of English Ants* (London 1747).

Hölldobler, Bert, and Edward O.Wilson, *The Ants* (Berlin and Heidelberg, 1990).

——, *Journey to the Ants: A Story of Scientific Exploration* (Cambridge, ma and London,

    1994).

Huber, Pierre, *Recherches sur les Moeurs des Fourmis Indigènes* (Paris, 1810).

Huxley, Camilla R., and David F. Cutler, *Ant-Plant Interactions* (Oxford, 1991).

Johnson, Steven, Emergence: *The Connected Lives of Ants, Brains, Cities and Software*

    (London, 2001).

Lubbock, John, *Ants, Bees and Wasps: A Record of Observations on the Habits of the Social*

Hymenoptera (London, 1882).

Maeterlinck, Maurice, *The Life of the Ant*, trans. BernardMiall (London, Toronto, Melbourne and Sydney, 1930).

Réaumur, René Antoine Ferchault de, *Mémoires pour Servir à l'Histoire des Insectes, Tome Septième, Histoire des Fourmis* (Paris, 1928; based on unpublished manuscripts c. 1734—1742).

Sorensen,W. Conner, *Brethren of the Net: American Entomology, 1840—1880* (Tuscaloosa and London, 1995).

Stewart, Susan, *On Longing: Narratives of the Miniature, the Gigantic, the Souvenir, the Collection* (London, 1984).

Taber, Stephen Welton, *Fire Ants* (College Station, tx, 2000).

Vander Meer, Robert K., Klaus Jaffe and Aragua Cedeno, eds, *Applied Myrmecology: A World Perspective* (Boulder, co, 1990).

Werber, Bernard, *Empire of the Ants*, trans. Margaret Roques (London, 1991).

Wheeler,W.M., *Ants: Their Structure, Development and Behavior* (New York, 1910).

——, 'The Ant-Colony as an Organism', *Journal of Morphology*, xxii (1911), pp. 301–325.

White, T. H., *The Once and Future King* (London, 1963).

Wilson, Edward O., *Naturalist* (Harmondsworth, 1996).